AF567820

Heribert Saal

Damaszener

Österreichischer Jagd- und Fischerei-Verlag

Heribert Saal

Damaszener

Zauber der wilden Klingen

Österreichischer Jagd- und Fischerei-Verlag

Lektorat, Layout, Leitung Produktion: Michael Sternath
OleAxe pastova when doindat incru ellest munth. Luved Mack Naif, OleAxe. Mishim. Ansais: livin!

Titelbild: Großes Jagdmesser (Klinge: Peter John Stienen, Banddamast, rund 260 Lagen, gefertigt aus den Werkzeugstählen 1.2842 und 1.2767; Griff: Wüsteneisenholz; Backen: Neusilber hochglänzend)

Verlagsassistenz und Sekretariat: Angela Pleyel

Bildbearbeitung: Reprozwölf, Wien

Gesamtherstellung: Christian Theiss GmbH, Sankt Stefan im Lavanttal

ISBN 978-3-85208-144-1

Inhalt

Vorwort *7*

Kapitel I

Ein Streifzug durch meine Messerwelt 9

Kapitel II

Besonderheiten 81
„A-Seven-Knife" oder „Das A 7-Messer" 83
Damast aus der Kanone 97
Das SHS-Aufbruchmesser 117

Kapitel III

Kurz gefasst 133
Kleine Legierungskunde 134
Damastmuster und ihre Entstehung 135
Werkstoffliste Stahlsorten 137
Messerhölzer, die Bäume dazu und deren Holz 138

Vorwort

Viele, um nicht zu sagen fast alle Männer und nicht wenige Frauen haben Spaß an Messern. Die Spannbreite und Interessenslage geht über hochwertige Küchenmesser aus Solinger Produktion bis hin zu den Jagd- und Outdoormessern und endet bei den fast extrovertierten Kreationen aus dem Tactical-Bereich. Der Formenvielfalt sind keine Grenzen gesetzt, wobei man jedoch manchmal das Gefühl hat, dass die Form über den Einsatzzweck triumphiert.

Nicht wenige träumen von d e m eigenen Messer. Selbst entworfen, selbst geschmiedet, selbst hergestellt. Doch für die meisten bleibt es ein Traum, da sie weder über das handwerkliche Geschick, noch über die Werkzeuge, und, fast das Wichtigste, noch über die Zeit verfügen. Doch der Wunsch ist unterschwellig da. Und für diese Messerfreunde ist dieses Buch geschrieben. Es zeigt Wege auf, wirklich an das eigene, sozusagen „auf eigenem Mist gewachsene", selbst entworfene Messer zu kommen.

Eine Besonderheit stellen Messer aus Damaszenerstahl dar. Allein schon die geschmiedete Herstellungsweise im Temperaturbereich um die 1.200 Grad und die Tatsache, dass es sich um ein uraltes Handwerk handelt, heben diese Messer, Äxte und Schwerter aus der Masse hervor, ja, sie verleihen ihnen Charakter und etwas Mystisches („aus dem Feuer geboren"). Wobei der heutige Damaszenerstahl in der Moderne angekommen ist. Trauringe, Armreifen, Uhren und viele andere Kunstgegenstände sind aus Damaszenerstahl. Ein Grund für diesen, bis vor wenigen Jahren nicht für möglich gehaltenen Aufschwung sind die rostfreien Damaststähle. Gerade für den Schmuckbereich ein Muss, aber auch der Koch, der sich nicht so viele Gedanken über die Pflege seines Damastmessers machen möchte, ist mit dem rostfreien Damaststahl bestens bedient.

Allerdings: Für die Freunde der absoluten, der wirklich rasiermesserscharfen Schärfe ist der sogenannte „rostende Kohlenstoffstahl" (der aber bei ein wenig Pflege gar nicht rostet) nach wie vor das Nonplusultra. Genaueres und Grundlegendes über den Werkstoff Stahl – was Stahl ist, wie er reagiert und was daraus werden kann – finden Sie gegen Ende dieses Buches, im dritten Kapitel. Nicht nur über den Werkstoff Stahl ist dort zu lesen, sondern auch über Damastmuster und über Messerhölzer. In den ersten beiden Kapiteln lade ich Sie ein, mich auf einem Streifzug durch meine Messerwelt zu begleiten. Vielleicht befeuert dieser Streifzug die Lust aufs eigene Messer, und vielleicht findet sich dabei auch die eine oder andere Anregung …

I.
Ein Streifzug durch meine Messerwelt

„Schmied sein, ist etwas Wunderbares", so mein Freund Jan Krauter, ein erstklassiger Damaszener-Klingenschmied aus Mecklenburg-Vorpommern. Diese aus seinem Herzen kommende Feststellung hat einen besonderen Wert, war er doch zuvor Banker und sein Arbeitsplatz der Schreibtisch.

Auch mein zweiter Schmiedefreund, der Kunst- und Damast-Schmied Kilian Kreutz aus dem kurkölnischen Sauerland, äußerte sich einmal ähnlich: „Wenn ich in die Schmiede komme und mich umfängt dort der Geruch von Eisen, Zunder, Härteöl und glühender Kohle, dann habe ich eine innere Zufriedenheit und Ruhe, wie sonst nirgends."

Jan Krauter vor seiner Schmiede.

Kilian Kreutz in seiner Schmiede.

Auch Kilian Kreutz gehört zu den ganz wenigen herausragenden Damaszener-Schmieden, die man in unseren Breiten findet. Es gibt nicht viele dieser Schmiedekünstler, die es verstehen, nicht nur Damaszener-Klingen zu schmieden, sondern die auch das Talent haben, ihre eigenen Formen zu entwerfen, angefangen von den Klingen bis hin zum fertigen Messer, zur fertigen Axt, zum fertigen Schwert.

Kilian Kreutz' Arbeitsschwerpunkt liegt bei der sogenannten San-Mai- oder Deckschichten-Technik, also das Armieren von einem mittig angeordneten Kohlenstoffstahl (Mono) mit Damast-Stählen oder einer anderen Monostahlsorte.

Beide Schmiede, sowohl Jan Krauter als auch Kilian Kreutz, verwenden den Stahl der von mir zur Verfügung gestellten Kanonenrohre der Vierlings-Flak aus dem Zweiten Weltkrieg. Doch die Damastklingen aus diesem Material sind bei beiden grundverschieden.

Ein Allzweckmesser von Kilian Kreutz in sauberster Verarbeitung.
Der Damaszener-Schmied stellt höchste Qualitätsansprüche an sich selbst.

Klingenstahl (Schneidlage): 100 Cr 6 bzw. 1.3505 Wälzlagerstahl; Damast-Armierung links und rechts: 352 Lagen Wilder Damast aus C 45 und 75 Ni 8; Griff mit Schwalbenschwanzpassungen, Griffholz: Padouk.

Jagdmesser von Kilian Kreutz.
Sehr fein gemusterter Wilder Damast armiert die Kohlenstoffklinge.

Klinge: San-Mai-Technik, das heißt mittig Kohlenstoffklinge 1.2210 mit 0,1 Prozent Vanadium, links und rechts armiert mit 350-lagigem Wilden Damast aus Werkzeugstahl 1.2842 und 1.2767; Griff: Ebenholz.

Großes Bowiemesser von Kilian Kreutz nach Kundenvorstellung.

Klinge: Schneidleiste Kohlenstoffstahl 1.2003, links und rechts armiert mit C 45 (= reiner Kohlenstoffstahl) plus 1.2767 (= Nickelstahl/Chrom) plus etwas CK 60 (= Kohlenstoff-Vergütungsstahl mit verbesserter Reinheit); Griff: Wüsteneisenholz; Gesamtlänge: 36,9 Zentimeter.

Kilian Kreutz hat Messer erschaffen, die in ihrem Gesamteindruck neben der Eleganz einen sehr ernsthaften Charakter besitzen. Teilweise in Halbintegral-Bauweise – also aus einem Stück –, fordern sie ein sehr hohes schmiedetechnisches wie auch handwerkliches Können. Das Design ist nur Kilian Kreutz zu eigen.

Zwei Beispiele seiner Handwerkskunst seien hier ein wenig detaillierter angeführt: sein V-Flak-Wildnismesser und sein V-Flak-Jagdmesser.

Zunächst sehen wir ihn aber noch kurz bei vorbereitender Arbeit:

Kilian Kreutz beim Abtrennen eines Rohrstückes von der Vierlings-Flak …

… und hier sind die Rohrstücke blankgeschliffen. Man sieht, es ist genügend Material vorhanden.

Zunächst die Entstehung des V- Flak Wildnismessers:

Das war der Anfang:
Der zusammengefügte, geschmiedete Block für die Klinge des Wildnismessers.

In der Mitte der Kohlenstoffstahl, dann links und rechts die grauen Bahnen des Flakstahls und dann wiederum links und rechts der Torsions-Damast.

Der aufgeschnittene Torsionsdamastblock.

Zeichnung des Wildnismessers und fertiges Messer.

Nun kommt nur noch das Ätzen.

Und so sieht es schließlich aus!

Das Messer hat eine Gesamtlänge von 329 Millimetern, wovon 201 Millimeter auf die Klinge entfallen. Der mittige Schneidstahl, Werkstoff Nr. 1.2235, stammt aus der Sägeblattindustrie und ist zähhart, der links und rechts armierte Damaststahl setzt sich aus den Stahlsorten C 45, C 75 und 75 Ni 8 zusammen und wurde als Torsionsdamast geschmiedet. Klingenstärke am Rücken: 6 Millimeter.
Griffholz: exotisches Padouk in besonders schöner Violett-Rotfärbung.
Sichtbarer Klingenaufbau vom Rücken zur Schneide: armierter Torsionsdamast, dann eine Lage V- Flakstahl (die graue Linie unter dem Torsionsdamast) und dann bis zur Schneide der Sägeblattstahl.

V-Flak-Wildnismesser: Wunderschön bis ins kleinste Detail.

Auf der Oberseite findet sich der mittels Stempel eingeschlagene Abstammungsnachweis: V-Flak.

Und hier das V-Flak-Jagdmesser in Volldamast:

Die Zeichnung des V-Flak-Jagdmessers.

Freiformen des glühenden Rohlings mit Hammer und Amboss.

Rohling des Jagdmessers, geschliffen und kurz angeätzt, um das Muster zu sehen.

Fertig. – Ein wirklich einzigartiges Messer!

Gesamtlänge: 225 Millimeter; Klinge: 110 Millimeter; Volldamast aus dem Stahl einer Vierlings-Flak plus Wälzlagerstahl, Werkstoff Nr. 1.3505, und schwedischer Nickelstahl 75 Ni 8; Griffholz: Zirikote.

Die linke Klingenseite.

Das Messer hat, wie fast immer bei Damastklingen, zwei unterschiedliche „Gesichter".

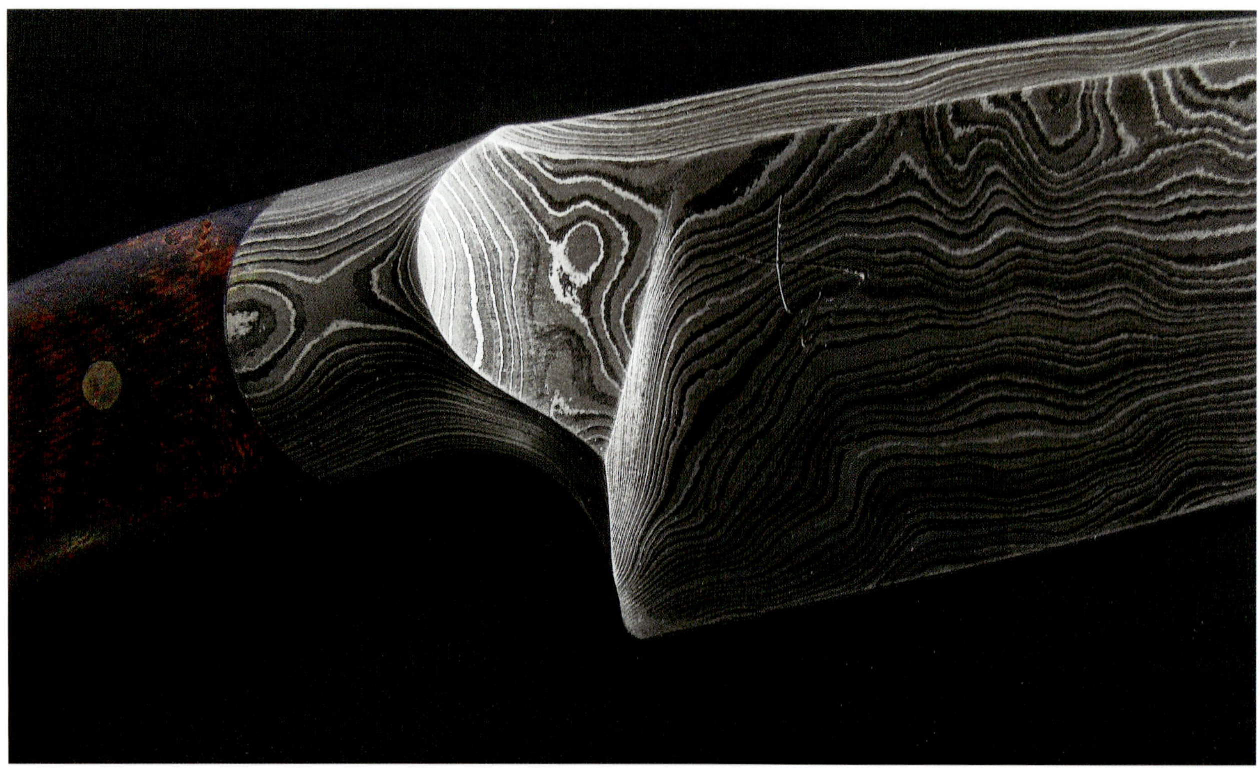

Ein Blick ins Detail beim V-Flak-Jagdmesser.

Sehr schön sind die einzelnen Schichten zu sehen.

Auch die Scheide gehört dazu.

Hochfeine, passgenaue Scheide aus Walkleder, die ebenfalls von Kilian Kreutz angefertigt wurde.

Das Schmieden von Damaststahl hat in den letzten zwanzig Jahren einen ungeahnten Aufschwung genommen. Die Besonderheit, nein, Einzigartigkeit des Werkstoffs, die Individualität der Klingen, ausgelöst durch die unterschiedlichsten und niemals gleichen Zeichnungen und Muster, die glühenden, unterm Hammer geschmiedeten und geformten Messerklingen, Dolche oder auch Schwerter, dazu die irgendwie ganz eigene Schärfe und Schnitthaltigkeit des Damastes, all das sind Eigenschaften, die in dieser Fülle sonst kein anderer Stahl aufweist.

In Deutschland war vor allem der Damastschmiedepapst Manfred Sachse der Initiator für die Renaissance des Damaststahls. Mittlerweile verstorben, hat er sein Wissen in vielen Büchern weitergegeben; und sein letzter Lehrling, Peter John Stienen aus Mönchengladbach, heute der einzige Damastschmiedemeister, zeigt mit seinen nur ihm eigenen Stählen und Damastmustern – seien es Platten oder fertige Messer –, dass er dem Meister sehr genau auf die Finger geschaut hat.

Rechts oben zwei Damaszenerplatten von Peter John Stienen; oben ein wundervoll gezeichneter Banddamast, darunter ein Wilder Damast für Rasiermesser. Aus der oberen Platte wurde von Thomas Roth das im Hauptbild gezeigte Jagdmesser gebaut. – Links unten einkopiert das Wüsteneisenholz, das an dem Stienen-Banddamastmesser als Griffholz angebracht ist, rechts davon Schlangenholz.

Klinge nach rechts – das zweite Gesicht.

Die andere Seite des Stienen-Banddamastmesser von Thomas Roth.

Klinge im Detail.

Durch den schrägen Anschliff kommen die verschiedenen Schichten wirkungsvoll zur Geltung.

Damaszener-Rasiermesser von Thomas Roth.

Aus dem unteren Rasiermesserdamaststück auf Seite 21 (Wilder Damast) hat sich Thomas Roth nach Eigenentwurf dieses Rasiermesser gebaut. Es ist fast unwirklich scharf. Wenn das mit Dachshaarpinsel und feiner Seife hoch eingeschäumte Gesicht mit diesem Messer balbiert wird, blinken vor lauter Glätte sogar die kleinsten Fältchen.

Und wieder: „zwei Gesichter“.

Rund 300 Lagen Wilder Damast, Stahlsorten 1.2842 und 1.2767, Griffmaterial: Walrosszahn.

Was macht Damaszenerstahl nun so einzigartig? Zum einen ganz sicher die Herstellungsweise des Stahls: das Aufeinanderschichten verschiedener Stahlsorten zu dem sogenannten Damastpaket, das anschließende Erhitzen bis zur Schweißglut – 1.000 Grad und mehr – und dann das unlösbare Verschweißen dieser einzelnen Platten zu einem homogenen Ganzen, entweder durch den kräftigen Arm des Schmiedes mit Hammer und auf dem Amboss oder dem Bär (Schlagstück) des Lufthammers.

So fängt es an.

Damastpaket, mittig Feilenstahl (= hoch Kohlenstoff), links und rechts Geschützstahl einer Vierlings-Fliegerabwehrkanone, dann Werkzeugstahl 1.2842, dann wieder V-Flak.

Die Holzkohlenesse.

Damastpaket unterm Bär des Lufthammers.

Schweißtemperatur – etwa 1.200 Grad.

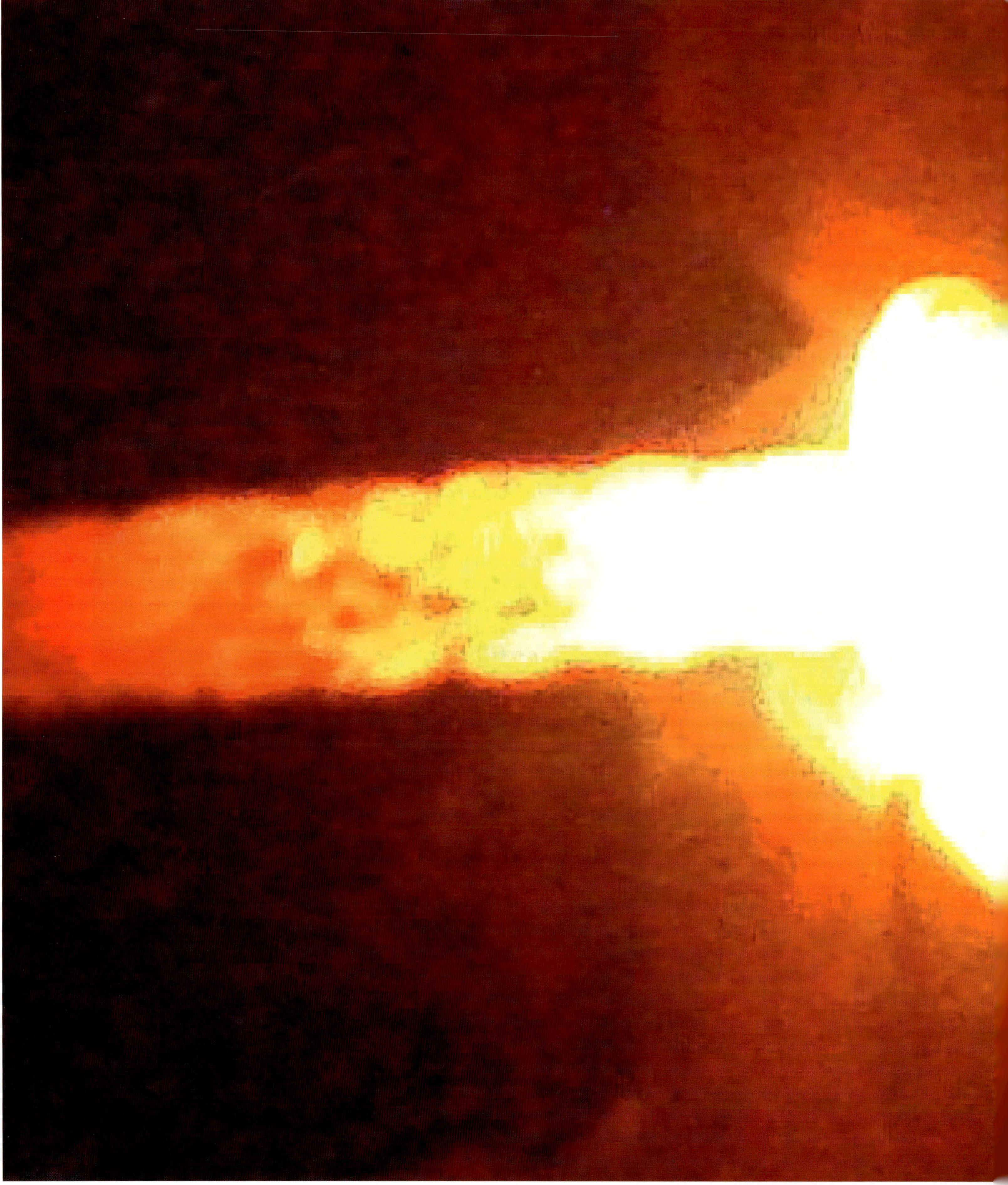

Das Falten macht den Damaszenerstahl aus.
Dadurch werden die Stahlschichten vervielfacht. Nach dem Falten geht es wieder in die Esse.

Und dann kommt das, was eigentlich den Damaszenerstahl ausmacht, nämlich das erneute Aufschichten oder Falten der gerade lang ausgereckten Stahlschiene, also das Vervielfachen der einzelnen Stahlschichten. Diese vielen Schichten der verschiedenen Stahlsorten, die ja nicht ihre spezifischen Eigenschaften durch das Verschweißen verloren haben, sondern im Gegenteil, sich mit ihren Eigenschaften aufs Vortrefflichste ergänzen, erbringen in ihrer Gesamtheit eine Elastizität, wie sie kein anderer Stahl hat.

Die Krieger im Mittelalter, die Schwerter aus Damaststahl führten, waren ihren Kontrahenten mit Bronze- oder Eisenschwertern deutlich überlegen, da die Bruchgefahr beim Damastschwert so gut wie ausgeschlossen war. Zudem verfügt hochwertiger Damaszener-Stahl über eine Schärfe an der Schneide, die ihresgleichen sucht.

Es gibt Messerklingen mit nur 120 Lagen, es gibt aber auch solche, die mehr als 300, ja bis 600 Lagen und noch mehr haben. Nach oben ist die Lagenzahl unbegrenzt, macht aber irgendwann keinen Sinn mehr, weil man sich zum Beispiel mit 1.000 Lagen und mehr schon wieder dem Monostahl nähert. Billigdamaste haben meist nur 30 bis 50 Lagen, oder aber, wenn es mehr Lagen sind, sind sie aus minderwertigen Stählen geschmiedet, teilweise auch nur im Hochdruckverfahren gewalzt. Sie haben mit den hochwertigen Schmiededamasten unserer Breiten nichts, aber auch wirklich nichts gemein. Der Messermacher Timo Rapp hat diese meist fernöstlichen Damaste einmal als „Konservendosen-Damast" bezeichnet, was der Wahrheit ziemlich nahekommt.

Der Damastschmied, der etwas auf sich hält und auf Qualität bedacht ist, verarbeitet nur zertifizierte Stähle, deren Eigenschaften nach der DIN-Norm genau definiert sind und deren Anteile an Kohlenstoff, Nickel, Mangan, Chrom, Vanadium und so weiter genau beziffert ist *(siehe Werkstoffliste auf Seite 137)*. Erst das Wissen um die Vorzüge jeder einzelnen Stahlsorte versetzt den Schmied in die Lage, einen Damast zu schmieden, dessen Eigenschaften vorhersehbar sind. Die deutschen Stähle sind mit Werkstoffnummern versehen, oder, wenn es sich um ausländische Sorten handelt, in eine Vergleichbarkeit zu den deutschen Werkstoffnummern gesetzt. – So hat zum Beispiel ein Werkzeugstahl mit hohem Kohlenstoffanteil (0,9 Prozent) die Werkstoffnummer 1.2842. Dieser 1.2842er gehört zu den meistverwendeten Stahlsorten beim Damaststahlschmieden überhaupt.

Wir wissen, dass Reineisen, so wie es aus der Natur gewonnen wird, erst durch die Zuführung von Kohlenstoff überhaupt härtbar wird. Je höher der Kohlenstoffanteil im Stahl, umso höher die erzielbare Härte. Nur – die maximale Härte und damit auch die erzielbare Schärfe werden begrenzt durch die gleichzeitig zunehmende Sprödigkeit des Stahls. Er wird durch zu viel Kohlenstoff hart wie Glas und bricht auch so; Messer vorzugsweise an der Spitze oder in der feinen Schneide.

Üblicherweise wird der Härtegrad in Rockwell (HRC) angegeben. Ein Stahl mit der Rockwellhärte von 58 bis 63 HRC lässt sich auf eine sehr hohe Schärfe an der Schneide bringen. Darunter gleitet man ins Mittelmaß, und darüber passiert das, was bereits beschrieben wurde, nämlich, die Bruchempfindlichkeit nimmt zu. Wobei die erzielbare Schärfe im direkten Zusammenhang steht mit der Feinheit der Schneide, dem Gefüge des Stahls und einer exakten Schneidengeometrie.

Man sieht, die absolute Härte ist nicht das Ziel eines brauchbaren Messers. Härte, Elastizität, Zähigkeit in einem ausgewogenen Verhältnis zueinander, das sind die Eigenschaften, die man gerade beim Damaszenerstahl anstrebt. Klingen mit einem Kohlenstoffanteil von um die 1,0 bis 1,2 Prozent sind optimal.

Der Werkzeugstahl 1.2842 hat einen prozentualen Kohlenstoffanteil von 0,9, Mangan 2,0, Chrom 0,4 und Vanadium 0,1. Man sollte meinen, 0,1 Prozent Vanadium wäre eine so verschwindend geringe Menge und habe von daher keine Auswirkung auf die Stahlqualität. Doch dem ist nicht so. Vanadium ist, auch in kleinen Mengen, ein Element, welches den Stahl besonders hart und zäh macht. Es ist in vielen Stählen enthalten, die einer hohen Beanspruchung standhalten müssen. Jan Krauter etwa verwendet den 1.2842er in all seinen Klingen, kombiniert mit dem schwedischen Nickelstahl 75 Ni 8 (deutsche Bezeichnung: 15 N 20). Dessen Kohlenstoffanteil beträgt 0,75, 0,3 Silizium, 0,4 Mangan und 2,0 Nickel. Diese 2 Prozent Nickel sind verantwortlich dafür, dass im Damast der Kontrast Schwarz/Silber entsteht.

Zur Abwechslung nun aber wieder ein Messer, und zwar ein Küchenmesser, das nach eigenen Vorstellungen entworfen wurde.

So sah das Messer in meiner Vorstellung aus:

Der Entwurf.

Und so sah das Küchenmesser aus, als es fertig war.

Gesamtlänge: 31 Zentimeter; Klinge: Jan Krauter, 120 Lagen Wilder Damast, Stahlsorten 1.2842 und 75 Ni 8; Griffholz: Redwood (Mammutbaum), farbig stabilisiert; Backen: Neusilber mattiert; Gesamtmesser: Thomas Roth.

Hier die andere Klingenseite.

Das Geheimnis beim Damastschmieden liegt vor allem im Wissen des Schmiedes um die verschiedenen Stahlsorten. Er muss wissen, welcher Stahl mit welchem am besten zu kombinieren ist, um zum einen die maximalen Eigenschaften herauszuholen, andererseits aber auch, um eine kontrastreiche Zeichnung des Stahls nach dem Ätzen zu erzielen. Und weiter – zu wissen, wie und in welcher Weise der Stahl gehärtet werden muss. Hier spielt die Härtetemperatur – häufig so um die 860 Grad – eine große Rolle.

Auch die Zeit, die der Stahl in der Härtetemperatur zu halten ist, ist von großer Bedeutung. Der Härtevorgang endet mit dem Abschrecken in warmem Öl. Aber auch Wasser oder Luft können dazu eingesetzt werden. Erst dadurch stellt sich die Härte im Stahl ein. Das Härten und, genauso wichtig, das direkt nachfolgende „Anlassen", sind letztlich die Bearbeitungsgänge, die aus der Damastklinge ein scharfes und gebrauchsfähiges Werkzeug entstehen lassen.

Das Anlassen „veranlasst" den Stahl, sich in einer nun deutlich geringeren Temperatur – meistens so um die 200 Grad – zu entspannen. Das Anlassen nimmt die hohe Ansprungshärte, die sich direkt nach dem Härtebad eingestellt hat – teilweise 67/68 Rockwell – wieder zurück auf eine „entspannte" Größe von 60 bis 63 HRC. Das andere wäre eine „Glashärte", die Bruch provoziert.

Doch bevor gehärtet wird, kommt die Hauptarbeit des Messermachers, nämlich das Formschleifen der Klinge am Bandschleifer. Denn erst des Messermachers geschickte Hand lässt die endgültige Form entstehen. Metallisch glänzend wie jeder andere Stahl auch, präsentiert sich danach die fertig geschliffene Klinge. Von der Damastzeichnung ist mit bloßem Auge nichts zu sehen.

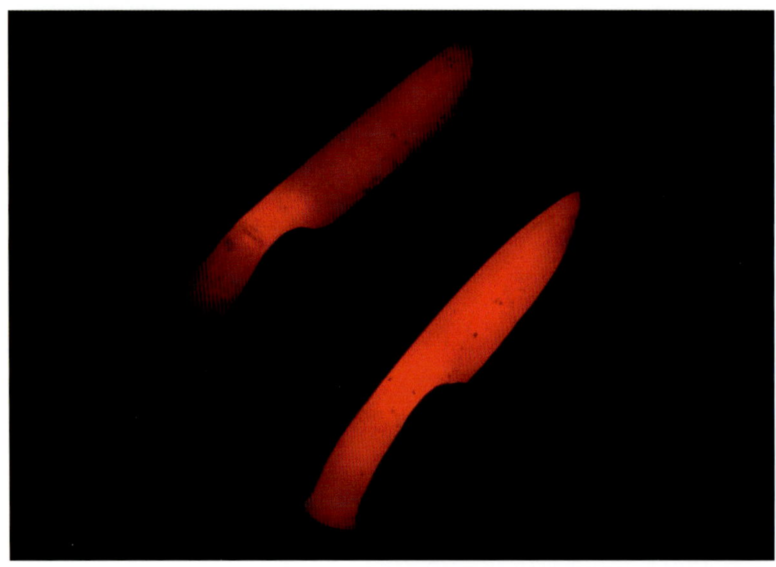

Im Härteofen.

Mit Hammer und Amboss in Form bringen.

Rohklinge, direkt nach dem Ausschmieden.

Die Form ist erkennbar, doch noch ist die Klinge mit Zunder behaftet. Der nächste Arbeitsschritt ist das „In-Form-Schleifen", meistens am Bandschleifer.

Fertig geschliffene Klinge.

Vom Damastmuster ist noch nichts zu sehen.

Das Damastmuster wird erst sichtbar durch das Ätzen, hauptsächlich in Schwefelsäure oder auch Salzsäure. Aber sogar Essig oder Kaffee können dazu verwendet werden. Die Solinger Messermacher sagen zu dem Ätzvorgang, der Stahl wird „ausgezogen“. Denn nun kommt auf einmal auf dem bisher nur metallisch glänzenden Stahl die Damastzeichnung zum Vorschein. Die Säure greift ja die unterschiedlichen Stahlschichten auf verschieden intensive Weise an, Kohlenstoff mehr, Nickel weniger. Es entstehen Oxidationsschichten, wobei die Eigenfarben des Stahls, je nach Anteil der Elemente im Stahl, sichtbar werden. Mangan zum Beispiel macht tiefschwarz und Nickel hellsilbrig. Auch Grautöne sind vorhanden, die vom Kohlenstoff stammen.

Das richtige Ätzen ist eine Wissenschaft für sich, denn nicht nur die Damastzeichnung wird dadurch sichtbar, es entsteht auch eine feine Reliefstruktur in der gesamten Klinge mit Farbabstufungen von Schwarz bis Silber. Zu langes Verbleiben im Ätzbad oder zu heiße Säure können allerdings eine Klinge ruinieren oder zumindest unansehnlich machen. Denn nach dem Ätzen kommt nichts mehr, die Klinge ist fertig. Nach dem Abspülen unter heißem Wasser, dem Neutralisieren, wird die Klinge abgetrocknet, etwas poliert und mit feinem Öl – Ballistol oder auch ein anderes Waffenöl – abgewischt. So hat der Rost keine Chance.

Ätzen.

Schwefelsäure in einem Glasbehälter; im Eimer heißes Wasser von rund 60 bis 70 Grad, um die Säure zu erwärmen. Ganz kalte Säure ätzt nicht ausreichend.

Ätzen mit nur angewärmter Säure.

Bei nur angewärmter Schwefelsäure – Batteriesäure wie in diesem Fall – kommen hauptsächlich die Eigenfarben der einzelnen Stahlsorten zum Vorschein. Das sieht dann aus wie altes Wurzelmaserholz. Leider ist dabei die Oxidationsschicht nur sehr dünn und nicht haltbar. Bei chemisch reiner Schwefelsäure, verdünnt auf rund 30 Prozent, oder sehr heißer Säure, bekommt man eine wesentlich verschleißfestere Oxidationsschicht, allerdings mit anderen Farben.

(Klinge: Wilder Damast mit 420 Lagen aus den Stahlsorten 1.2842 und 75 Ni 8 und V-Flakstahl.)

Mit heißer Säure, rund 80 Grad.

Obige Klinge bzw. das Messer ist das erste Messer mit Vierlings-Flakstahl aus dem Zweiten Weltkrieg; Klingenschmied und Messermacher: Bernd Kluth, Kierspe; Griffmaterial: Rentierknochen. Die hellen, dünnen Linien deuten auf den Anteil von Nickel.

Doch die Arbeit des Messermachers ist damit noch lange nicht zu Ende. Je nachdem, ob es sich um eine Steck-Erl- oder Flach-Erl-Klinge handelt, geht es nun um den Griff und die Backen. Die Steck-Erl-Klingen bestehen aus dem Klingenkörper und einer meistens konischen Verlängerung der Klinge, dem sogenannten „Erl". Dieser Erl wird später in den Griffkörper gesteckt, daher der Name „Steck-Erl" im Gegensatz zum „Flach-Erl". Die Flach-Erl-Klinge weist bereits die Umrisse des Griffkörpers auf. Hier hat der Messermacher weniger Gestaltungsmöglichkeiten, da ja die Form des Griffs vorgegeben ist. Aber so gibt es später auch keine unliebsamen Überraschungen, was bei Steck-Erl-Klingen manchmal passieren kann und zu Verdruss führt.

Gerade bei Steck-Erl-Klingen zeigt sich die wahre Meisterschaft des Messermachers. Er muss ein feines Gefühl für Formen und Proportionen haben, sonst wird's Murks. Manche Messermacher wissen um ihre Schwerpunkte und lehnen Steck-Erl-Klingen ab.

Hier der Beginn der Arbeit. Der Griff ist vorgezeichnet. Man sieht, wo später der Erl im Griff sitzt. Die Backen sind genau auf den Erl zugepasst.

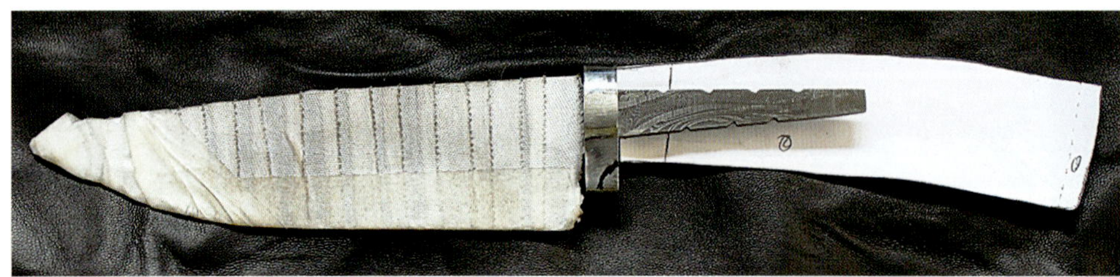

Steck-Erl-Klinge.
Gerade bei Steck-Erl-Klingen zeigt sich die Meisterschaft des Messermachers.

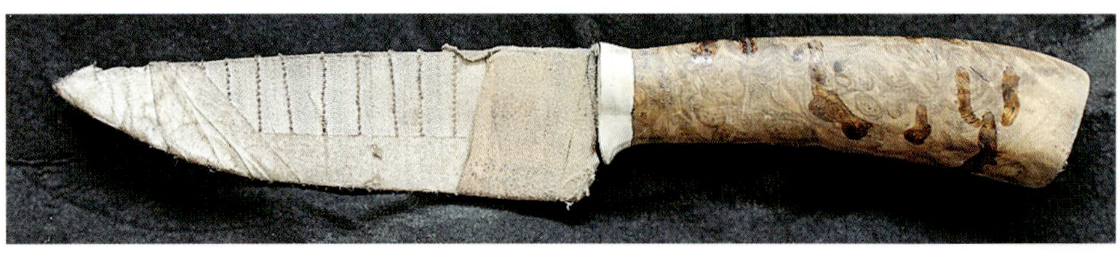

Und so sieht das fertige Messer aus.

Ein herrlich schönes Schmuckmesser, gebaut von Thomas Roth, einem Künstler, was Steck-Erl-Klingen angeht; Klinge: Jan Krauter, mehrbahniger Türkischer Damast – die höchste Schmiedekunst – mit einer Kohlenstoffschneidleiste, Stahlsorten 1.2842 und 75 Ni 8; Backen: eingeformt und mit Neusilber-Abschlussplatte am Ende des Griffs; Griffholz: Maser Nussbaum, erste Qualität, auf Hochglanz geölt. Das Messer hat aufgrund der hohen Härte von 63 HRC eine fast aggressive Schärfe, die einhergeht mit einer sehr dünn ausgezogenen Schneide; es ist daher nur für reine Schneidarbeiten gedacht.

Siehe auch nächste Doppelseite!

Blick ins Detail.

Die absolut parallel laufenden, silbrigen Nickelbahnen heben den kunstvollen Türkischen Damast wirkungsvoll hervor. Hier zeigt sich die hohe Kunst des Schmiedes. In Anbetracht der reinen Handarbeit meisterhaft gemacht.

Und hier das Beispiel einer Steck-Erl-Klinge, wie es nicht sein soll:

Der Anfang.

Bildmitte: Steck-Erl-Klinge Jan Krauter, 8 Zentimeter Klingenlänge, dreibahniger Türkischer Damast. Referenzmesser oberhalb: rostfreier Wilder Damast, 320 Lagen, geschmiedet von Markus Balbach; Griffholz: Wenge.

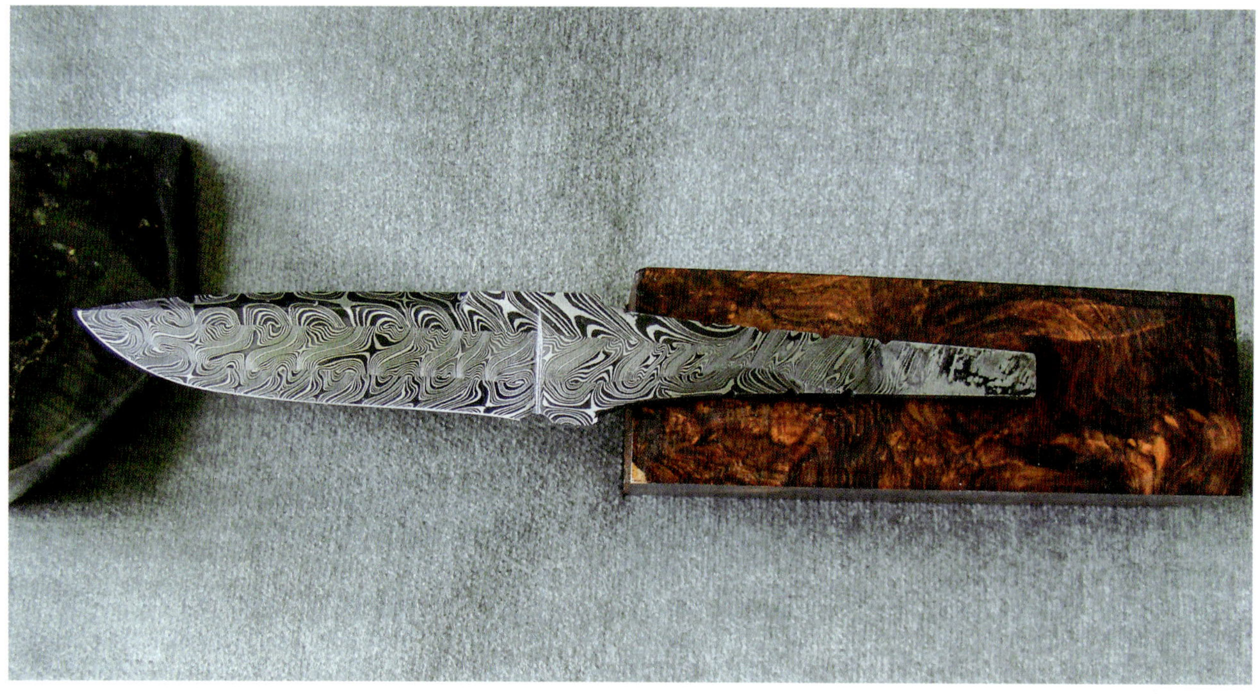

Immer wieder spannend ist die Frage: Welches Holz passt?

Hier: Honduras Maser Palisander.

Die Proportionen stimmen nicht.

Der klobige Griff erschlägt die elegante zierliche Klinge.

Nach der Korrektur durch Thomas Roth.

Nun ist es ein elegantes, in sich ausgewogenes Steck-Erl-Messer.

Viele Damaszenerschmiede bieten ihren Kunden ihre Klingen an. Nachstehend ein paar Beispiele aus dem Angebot von Jan Krauter:

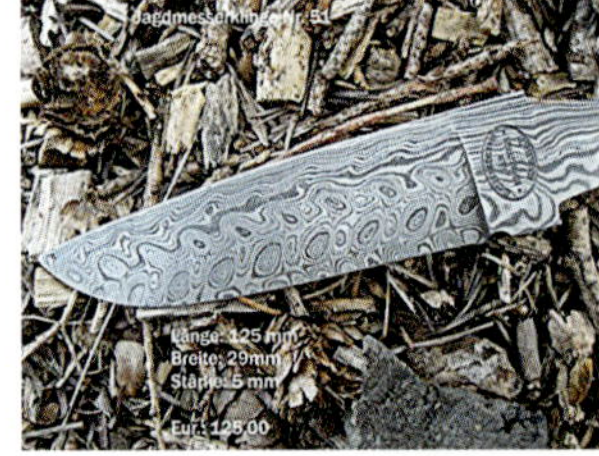

Wilder Damast
als Steck-Erl-Klinge.

Türkischer Damast
als Steck-Erl-Klinge.

Steck-Erl-Klinge
aus Torsionsdamast.

Flach-Erl-Klinge,
Muster „Große Rosen".

Man kann entweder fertige Klingen kaufen und daraus ein Messer anfertigen lassen, oder auch Rohklingen, die dann noch endbearbeitet werden müssen (Schleifen, Polieren, Härten, Ätzen). Es gibt aber auch den Weg, Damastplatten zu kaufen, aus denen dann der Messermacher (im Fall des Autors ist das Thomas Roth aus Dortmund) die gewünschte Klingenform herausschleift. Der Vielfalt sind hier keine Grenzen gesetzt, wobei der Kunde auch seine eigene Form kreieren kann und sodann per Schablone dem Schmied zuleitet, wie bei dem nun folgenden Beispiel zu sehen:

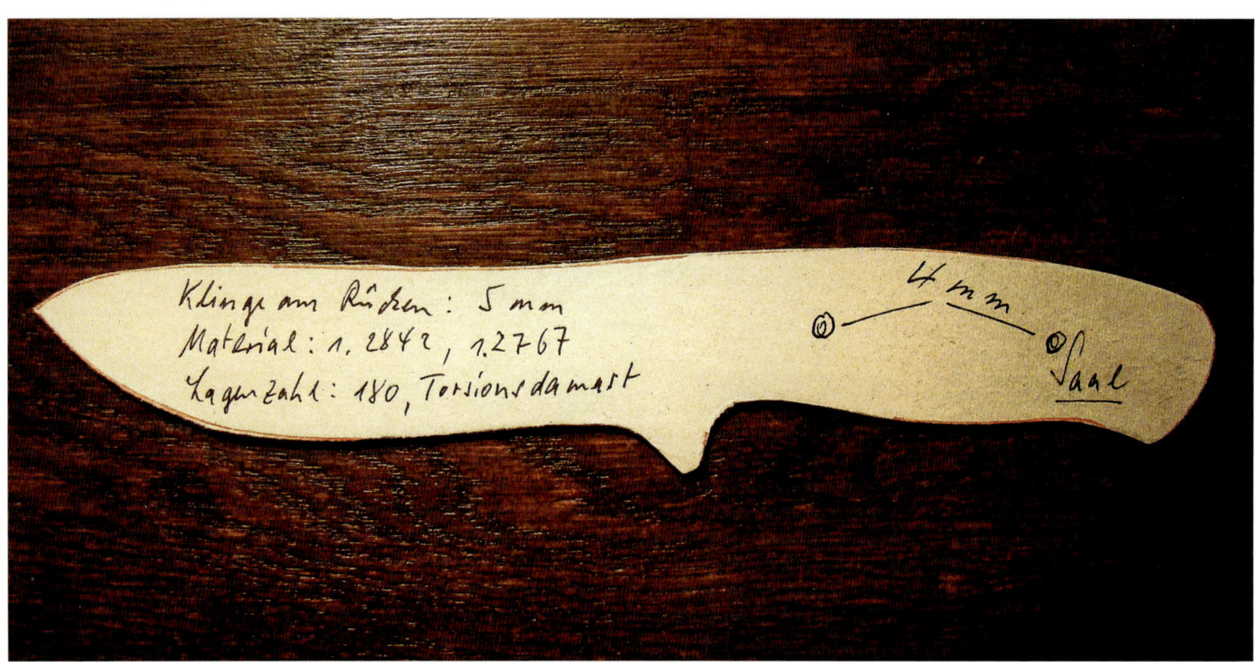

Messerschablone.
Auf der dünnen Pappe der Schablone stehen die Daten für den Schmied oder Messermacher.

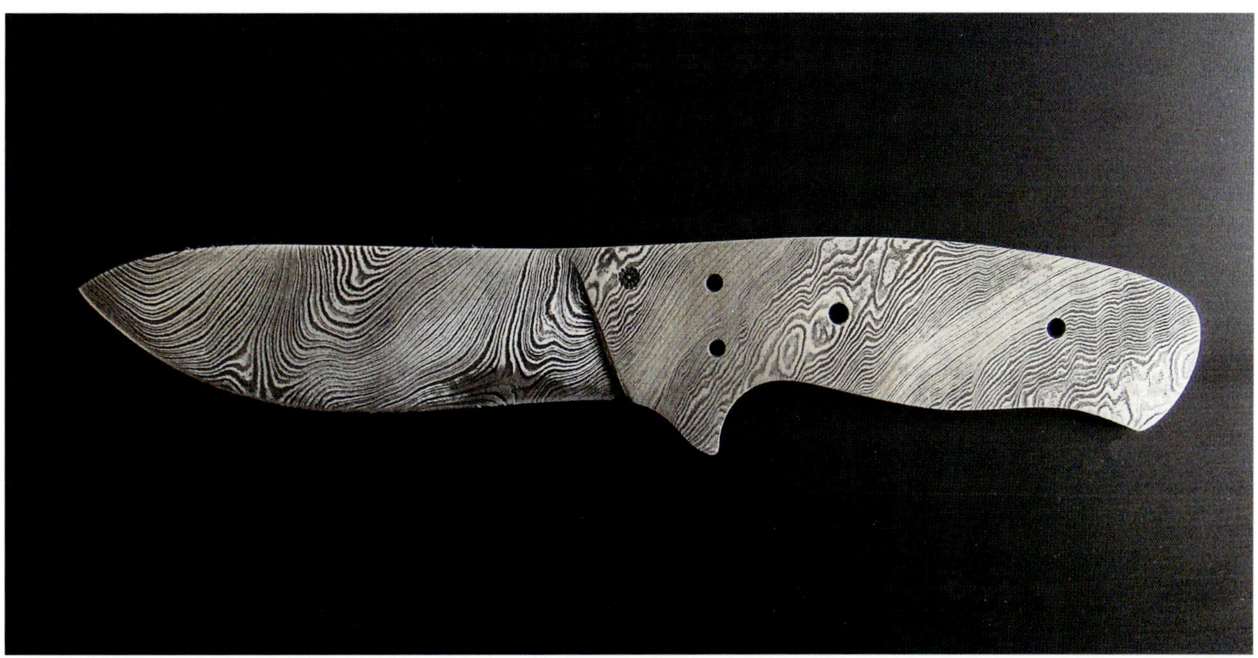

Die Klinge.

Die technischen Daten dazu sieht man auf der Schablone links unten.

Und hier das fertige Messer.

Gefertigt mit Thuja-Griffholz, Neusilberbacken, hochglanzpoliert.

Nun ein weiteres Beispiel für die Entstehung eines Messers. Hier diente diese nur 5 Zentimeter lange Klinge als Vorlage. Sie wurde auf dem Kopierer auf 24 Zentimeter vergrößert und als Flach-Erl gezeichnet:

Die Vorlage.

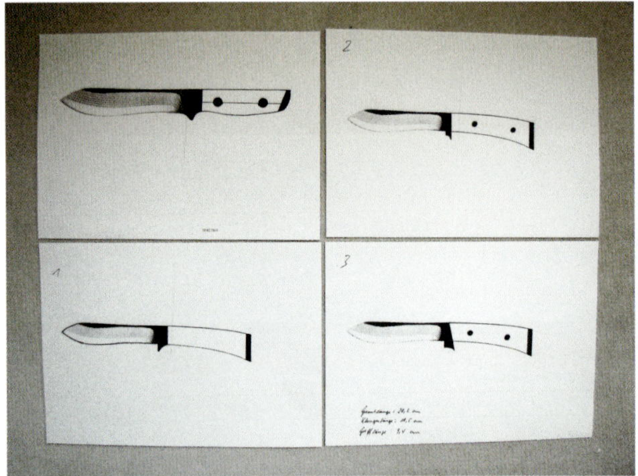

Die ersten Entwürfe.

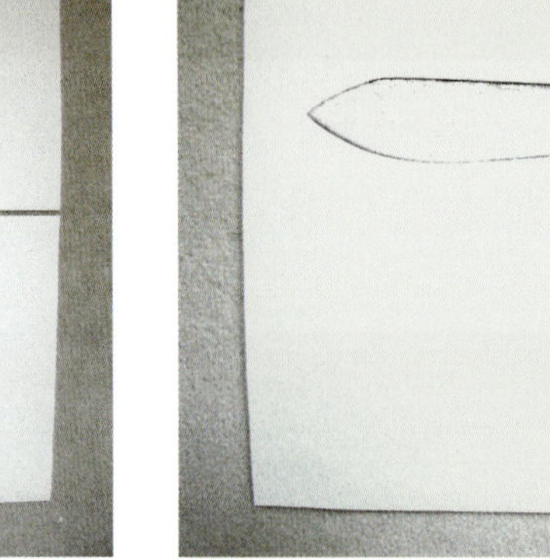

Und dieser Entwurf war‘s dann.

Die fertig geschliffene Flach-Erl-Klinge.

Sie wurde von ursprünglich 5 auf insgesamt 24 Zentimeter vergrößert, bei einer Klingenlänge von 13 Zentimetern, aus Zladinox-Damast (russischer Kohlenstoff-/Chromdamast von Gerasimov).

Am Ende der Arbeit steht ein traumhaft schönes Messer.

Der Russe Gerasimov ist einer der ersten Damastschmiede Europas, der Kohlenstoffstähle mit Chromstählen im traditionellen Schweißverbundverfahren verschmieden kann. In diesem Fall: Wilder Damast, etwa 300 Lagen; Gesamtmesser: Timo Rapp; Griff: Wüsteneisenholz.

Viele Schmiede bieten auch Messerschmiedekurse an, bei denen ein einigermaßen handwerklich talentierter Laie seine Damaszenerklinge selbst schmieden kann, natürlich unter Anleitung des Schmiedes. Jan Krauter ist so ein Schmied, aber auch Markus Balbach oder Peter John Stienen haben ihre eigenen Messermacherkurse.

Als Autor dieses Buches habe ich, nachdem mich der Messerbazillus endgültig und nicht heilbar infiziert hat, eine mittlerweile ansehnliche Sammlung der verschiedensten Messer und Klingen zusammengebracht. Doch nicht nur Messer, sondern auch exotische Holzblöcke aus tropischen Hölzern und herrliche Maserhölzer aus europäischen Gefilden gehören zu meiner Sammlung.

Ein Teil der Sammlung.

Wobei das amerikanische Wüsteneisenholz aus der Wüste Sonora eine absolute Sonderstellung einnimmt. Kein Holz der Welt ist ihm in der Härte gleich. Der amerikanische Begriff lautet nicht umsonst „Ironwood", also Eisenholz. Es ist so schwer, dass es im Wasser sogleich untergeht.

Einzigartig sind die Premiumqualitäten dieses Wüsteneisenholzes. Es sind dies Maserhölzer mit wundervollem Gewölk und dunklen Linien. Sie bestechen durch vielfache Farbnuancen, und all das zusammen gibt dem Holz eine Ausdruckskraft sondergleichen. Und so ein Holz in Verbindung mit einer edlen Damaszenerklinge führt zu einem optischen Höhepunkt, der seinesgleichen sucht.

Ein Messer aus Türkischem Damaszenerstahl mit Wüsteneisenholzgriff.

Darunter ein Wüsteneisenholzkantel, erste Qualität. Einmalig die Zeichnung, die an einen alten, aufgeschlagenen Folianten erinnert.

Doch auch unsere europäischen Hölzer haben ihre Qualitäten. Als ein Beispiel für wunderschönes, einheimisches Holz sei nur die Eibe genannt. Es ist das Holz der Kelten, die, um aus diesem Holz ihre berühmten und gefürchteten Langbögen bauen zu können, fast den gesamten Eibenbestand Englands abgeholzt haben.

Eibe wächst nur sehr langsam, ist dementsprechend selten und hat den Vorzug, bei hoher Dichte des Holzes trotzdem relativ leicht zu sein. Die feinen, wellenartigen Linien in Verbindung mit den Maserpunkten machen dieses Holz sehr begehrenswert, vor allem in den ersten Qualitäten. Es ist die einzige Nadelholzbaumart, die kein Harz aufweist.

Eibe mit prägnanten Maserpunkten.

Eibe fand beispielsweise bei diesem Messer als Griffholz Verwendung:

V-Flak-Klappmesser.

Es ist dies Jan Krauters großer Wurf mit über 320 Lagen und feststellbarer Klinge. Die Klinge selbst besteht aus vier Stahlsorten, nämlich Geschützstahl der Vierlings-Fliegerabwehrkanone, dann Werkzeugstahl 1.2842, Nickelstahl 75 Ni 8 und Wälzlagerstahl 1.3505, Härte 61 Rockwell. Das Klingenmuster ist Jan Krauters Feilkerb-Damast, die Backen sind aus Mosaikdamast, und die Klingenachse ist aus Torsionsdamast – also alle sichtbaren Metallteile aus Damaszenerstahl. Und dann das Holz: Maser-Eibe vom Feinsten! Alle Materialien harmonieren miteinander und ergänzen einander optisch wunderbar.

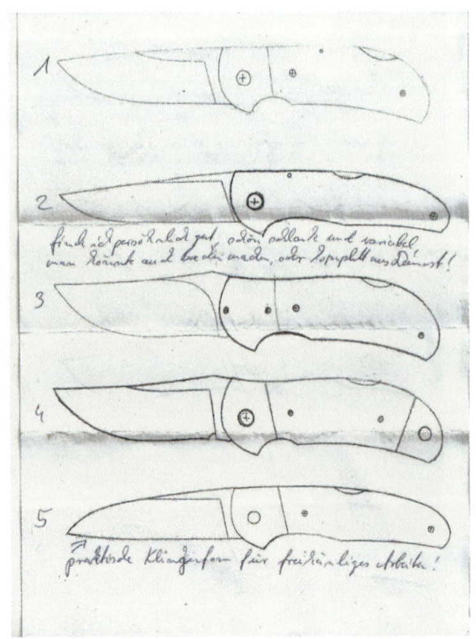

Entwürfe.

Das waren Jan Krauters zeichnerische Vorplanungen zum V-Flak-Klappmesser.

Nummer 2 ist es dann geworden – mit kleinen Abweichungen.

Das gleiche Messer wie auf der linken Seite, jedoch mit Wüsteneisenholz der Premiumklasse.
Oberhalb davon ein auf Hochglanz poliertes Reststück vom Holz.

Blick ins Detail.
Klinge mit Schriftzug „V-Flak" unter dem stilisierten Sonnen-Emblem, dem Markenzeichen von Jan Krauter.

Wüsteneisenholz.

Doch es müssen nicht nur exotische Hölzer sein. Dass auch vor der eigenen Haustür – in diesem Fall auf der Streuobstwiese hinter meinem Haus – alte Bäume stehen, die eine spektakuläre Holzzeichnung aufweisen können, zeigte sich an einem gut achtzig Jahre alten Zwetschgenbaum. Er wies in der Krone viele dürre Partien auf, welches immer ein Weiser ist, dass er sein Lebensalter erreicht hat. Auch blätterte ein Teil der Rinde ab, und so musste dann die Säge den letzten Schnitt machen. Die dann sichtbare Maserung des Stammes im Wurzelbereich war atemberaubend. Sofort wurde mir klar, dass dieses Holz zu schade für den Kamin war. Es wurde in passende Holzstücke gesägt und harrte nach Trocknung für ein ganz besonderes Damaszenermesser.

Zwetschgenbaum am Ende seines Lebens.

Im Wurzelbereich des Stammes zeigte sich eine atemberaubende Maserung.

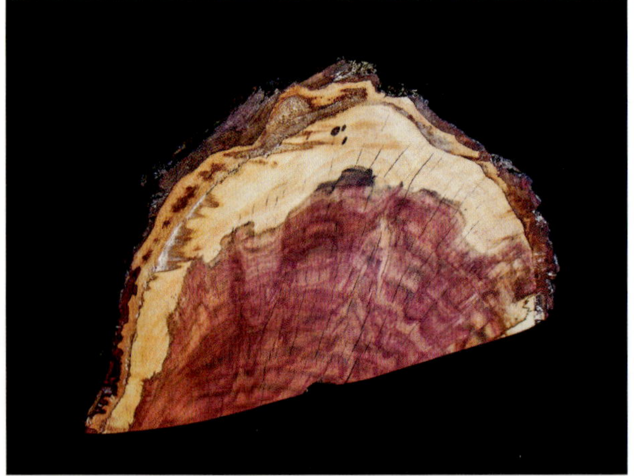

Links: Keilstück vom Stamm, direkt nach der Fällung. Das Splintholz ist durch den Saft noch rötlich.

Rechts: Nach viermonatiger Trocknung – leider zu schnell und, völlig falsch, draußen in der Sonne. Ergebnis: Trocknungsrisse. Das Holz wurde geschliffen und anschließend mit Finishing Oil behandelt.

Es ist für mich immer wieder faszinierend und ein angenehmer Kitzel, in dem vielfältigen Angebot an Messerhölzern zu stöbern, zunächst mit dem festen Vorsatz, nichts zu kaufen, nur zu gustieren, um dann doch der einen oder anderen herrlichen Holzschönheit zu erliegen.

Im Geiste sehe ich bereits an den ins Auge gefassten Hölzern die edlen Damaszenerklingen, und spätestens dann ist es um mich geschehen. Das Holz wird gekauft, obwohl es in Wirklichkeit noch keine Klinge dafür gibt. Auf diese etwas unorthodoxe Weise habe ich, ohne es eigentlich zu wollen, eine durchaus nennenswerte Sammlung an wunderschönen Hölzern aufgebaut; wobei Hölzer dabei sind, die früher aufgrund ihrer Weichheit nie als Messergriffhölzer in Frage gekommen wären.

Doch die heutige Technik des Stabilisierens macht es möglich: hochviskoses Plexiglas, entweder farblos oder auch eingefärbt, wird in einem besonderen technischen Hochdruckverfahren per Vakuum in das Holz eingebracht. Das Holz wird dabei vollständig durchdrungen, und nachdem das Plexiglas ausgehärtet ist, kann das Holz wie Hartholz behandelt werden. Dadurch sind wunderschöne Hölzer für Messergriffe verfügbar geworden, die vorher nicht brauchbar waren. Dies gilt insbesondere für die sogenannten gestockten Hölzer, wo der Fäulnispilz Linien und Strukturen ins Holz gefressen hat, die dann durch das Stabilisieren fixiert werden.

Heimische Birke, hochgradig gestockt, farblos stabilisiert.

Linkes und rechtes Holz sind crosscut geschnitten, das mittlere normal, also längs. Zwecks Hervorheben der Maserung mit farblosem Schellack überzogen.

V-Flak-Küchenmesser mit Birkenholzgriff.

Klinge rund 160 Lagen Wilder Damast; der Griff stammt vom mittleren Holzstück auf Seite 53.

Dasselbe Messer mit Klinge nach links.

Rotbuche, gestockt und stabilisiert.

Das Holz wirkt wie Marmor.

Hier ein Griff aus Rotbuche, verarbeitet bei einem anderen V-Flak Küchenmesser.

Das Holz ist geölt mit Chestnut Finishing Öl und mehrfach poliert.

Hier das V-Flak Küchenmesser mit Rotbuchenholz-Griff in der Gesamtansicht.
Die Klinge stammt aus derselben Schmiedeschiene wie das Messer auf Seite 54.

Dasselbe Messer mit Klinge nach rechts.

**Drei Schönheiten auf einen Blick:
oben mit Redwood Maser, Mitte mit Rotbuche, unten mit Birke.**

Steck-Erl-Klinge aus Tirpitz-Damast, darüber Griffholz Buckeye Burl.

Die Klinge wurde von Markus Balbach geschmiedet (aus der Panzerung des deutschen Schlachtschiffes „Tirpitz"); das Buckeye-Burl-Griffholz aus der kalifornischen Rosskastanie passt genau dazu.

Das fertige Messer.

Sichtbar ist hier allerdings die Einlötung Klinge/Backe zur Stabilisierung.

Nun muss ich gestehen, dass ich nicht nur Liebhaber von Damaszenermessern bin. Ich bin auch noch passionierter Jäger. Ich habe ein Revier in Pacht, in dem das wehrhafte Schwarzwild vorkommt. Insofern habe ich bei jedem Reviergang eines meiner feststehenden Messer dabei, wobei vor der Jagd zu Hause die Auswahl bei den Messern sozusagen reihum geht. Trotzdem, es kristallisieren sich doch gewisse Vorlieben für das eine oder andere Messer heraus. Eine dieser Vorlieben ist das lange Jagdmesser mit Torsionsklinge von Jan Krauter.

Das Torsionsklingenmuster entsteht ja, indem eine ausgereckte Schiene Wilder Damast zu einem Vierkant geschmiedet wird. Dieser Vierkant wiederum wird so weit erhitzt, dass er sich verdrehen (= tordieren) lässt. Nachdem das geschehen ist – manchmal nur zehn Umdrehungen, manchmal zwanzig und mehr – wird dieser Damaststahlwendel wieder zu einem Vierkant geschmiedet und sodann zur Schiene ausgereckt, aus der dann schließlich die Klinge geschnitten wird. Durch das Formschleifen am Bandschleifer und den anschließenden schrägen Anschliff der Klingenschneide wird die einzigartige Schleierzeichnung der Klinge sichtbar – natürlich erst nach dem Ätzen.

Schon als ich die untenstehende Klinge zum ersten Mal sah, war ich hingerissen von der so überaus prägnanten Musterung. Torsionsdamast mit 220 Lagen hat im Gegensatz zu dieser Klinge zwar eine höhere Feinheit der Linien und eine besondere Eleganz, jedoch kommt das Muster nicht so prägnant und ins Auge springend heraus wie bei 160 Lagen.

Eine Klinge mit hinreißend prägnanter Musterung.

Die Klinge ist aus Torsionsdamast 160 Lagen, Werkzeugstahl 1.2842 Kohlenstoff und 75 Ni 8 Nickel.

Und als ich dann mit der Klinge in der Hand meine Messerhölzer durchmusterte, griff ich spontan zu dem Honduras Maserpalisander mit dem fein gewellten Maserverlauf, eine Seltenheit bei Honduras Maserholz. Das Endergebnis: ein wahrhaft adeliges Messer.

Ringsum gelungen.

Gefertigt wurde dieses Messer von Messermacher Thomas Roth.

Fast noch schöner: Das Gegenstück zu dem obigen Messer, gebaut für einen Jagdfreund.

Die Klinge ist aus demselben Stück geschmiedet, der Griff aus Wüsteneisenholz der ersten Kategorie, mit verdeckten Nieten (sogenannte Sacklöcher, bei welchen die Nieten nur innenseits der Schalen das Holz fixieren und so die Holzmaserung nicht stören).

Gesamtmesser: Thomas Roth.

Eine weitere Leidenschaft von mir sind Rosen. Aufgrund eines großen Streuobstparks direkt hinter unserem Haus wurde dieser vor Jahren bepflanzt mit Strauchrosen und vielen Stammrosen. Unter den verschiedenartigen Rosen befindet sich auch eine sogenannte Damaszenerrose. Ich vermute, dass der Züchter dieser alten Rosensorte sie so benannt hat, weil die aufgeblühte Rose in der Vielgestaltigkeit ihrer Blütenblätter an ein Damaszenermuster erinnert.

Zwei „Damaszener".

Alte Damaszenerrose und Damaszenerklinge; 220-lagiger Torsionsdamast von Jan Krauter; Gesamtlänge: 24,5 Zentimeter, geschmiedet aus Werkzeugstahl 1.2842 und Nickelstahl 75 Ni 8.

Schwesternpaar.

Beide Klingen stammen aus derselben Schmiedeschiene.

Und das ist es – das Damaszener-Rosenmesser!

Neusilberbacken, hochglanzpoliert; Griff: Cocobolo-Holz, mit sichtbaren Nieten.

Nachstehend meine Eigenkreation „A-Seven-Knife“, in Anlehnung an das Sportcoupe von Audi, den A 7 Sportback.

Wie es zu diesem Messer kam, lesen Sie auf den Seiten 83 ff. dieses Buches!

Damastmesser im Muster „Kleine Rosen“ – also auch hier wieder eine Verbindung zum Rosengarten.

Klinge von Markus Balbach; insgesamt 300 Lagen aus 1.2842 und 1.2767;
Griffholz: Nussbaum Maser, Hochglanz geölt; komplett angefertigt von Thomas Roth.

Die andere Seite.

In besonderer Erinnerung ist mir die erste Arbeit mit diesem Messer. Es war das Aufbrechen und spätere Zerwirken eines Stückes Schwarzwild, einer 35-Kilo-Frischlingsbache. Die Aufbrecharbeit ging so leicht vonstatten, dass ich es richtig bedauert habe, so schnell fertig geworden zu sein.

Zwar stellen Damaszenermesser für mich die Krönung im Messerbau dar. Nichtsdestotrotz gibt es manche Monostahlklingen und daraus gebaute Messer, die auch ihren Charme haben. Beispielhaft seien zwei ganz unterschiedliche Messer gezeigt, die ich aber fast in eine Linie mit den Damastmessern stelle. Beide haben den gleichen Stahl, nämlich ATS 34, der seinerzeit bei seinem Erscheinen das Nonplusultra bei den Monostahlklingen war.

Zuerst sei das zierliche und irgendwie mädchenhaft schöne Messer von dem japanischen Messerkünstler Koji Hara vorgestellt. Design und Verarbeitung sind oberste Spitzenklasse. Die spiegelpolierte Hohlschliffklinge ist rasiermesserscharf, übrigens eine der hervorstechendsten Eigenschaften des ATS 34 Stahls, der deswegen auch lange Zeit eine Ausnahmestellung bei den Chrom-Monostählen gehalten hat. Das wundervoll gezeichnete Holz stammt aus der Maserknolle eines Ahornbaumes.

Ein mädchenhaft schönes Monostahl-Messer des Japaners Koji Hara.
Das wundervoll gezeichnete Holz stammt aus der Maserknolle eines Ahornbaumes.

Saubere Arbeit.
Die präzis geschliffene, auf Hochglanz polierte Klinge mit feiner Schneide.

Zwei aus dem gleichen Stall.

Und hier ein weiteres, mir sehr ans Herz gewachsenes Chrom-Monostahlmesser, ebenfalls ATS 34, und vom ganzen Erscheinungsbild her ein eigenwilliges Messer. Die Klinge stammt von der Firma Linder, Solingen. ATS 34 ist ja ein rostfreier Stahl mit hohem Chromanteil.

Das Messer hat eine ganz eigene Geschichte. Ich hatte wunderschönes Messerholz Eiche Maser gekauft. Eiche ist der heimische Baum, den ich über alles liebe. Natürlich sollte das Holz an ein Damaszenermesser. Doch der versierte und erfahrene Messermacher Timo Rapp aus Süddeutschland riet mir dringend ab. Die Gerbsäure im Eichenholz würde irgendwann den nicht rostfreien Damaszenerstahl angreifen und letztlich das Messer ruinieren.

Da war ich nun ganz schön im Eck. Hatte ein schönes Stück Holz und konnte es nicht verwerten. Doch mit rostfreiem Stahl, meinte Timo, hätte ich keine Probleme. Und obwohl ich nur noch Damaszenermesser hatte haben wollen, war die Linder-ATS-34-Klinge so einmalig in ihrer Form, dass ich sie ohne zu zögern kaufte.

Timo Rapp hat dann ein wirklich zauberhaft schönes Messer gebaut, bei dem alles zueinander passt: die eigenwillige Klingenform zu dem sanftbraunen Eiche-Maser-Griff und den mattierten Backen; und die zwei Nieten, die die Schalen halten, ordnen sich dem Holz unter und unterstreichen sogar die Eleganz des Griffholzes.

Vollkommen ausgeglichene Proportionen.

Das Messer liegt wie angegossen in der Hand.

ATS 34 hat heute einen Nachfolger gefunden in dem pulvermetallurgischen Stahl RWL 34. Dieser ist aufgrund des noch feineren Stahlgefüges einen Hauch schärfer und auch schnitthaltiger als der Vorläufer ATS 34. Und trotz alledem: Die Feinheit und Aggressivität der nicht rostfreien Kohlenstoffklingen bzw. Damaszenerklingen haben beide Monostähle nicht.

Wobei wir auch schon wieder bei den Damaszenerklingen sind. Schon angesprochen sind die Klingen aus dem Geschützstahl von Vierlings-Fliegerabwehrkanonen aus dem Zweiten Weltkrieg. Durch Zufall konnten einige Rohre nach mehr als 65 Jahren Freiluftdasein geborgen werden.

Flak-Rohre nach 65 Jahren Freiluft.

Hier die erste Flak-Rohr-Lieferung an den Schmied und Messermacher Jan Krauter.

Vierlings-Flak.

Im vollen Wortlaut heißt sie „Schnellfeuer-Fliegerabwehrkanone".

In Anlehnung an die Verschmiedung von Waffenstählen, wie sie Markus Balbach erfolgreich mit dem Kanonenrohr des Leopard Kampfpanzers oder der Panzerung des Schlachtschiffes Tirpitz praktiziert, lag der Gedanke nahe, dies auch mit dem Stahl dieser Vierlings-Flak zu versuchen, und dies ist überaus zufriedenstellend gelungen. Das erste V-Flak-Messer von Jan Krauter, ein fein gearbeitetes Klappmesser aus diesem Stahl, wurde bereits vorgestellt *(siehe Seite 48)*.

Danach hat sich Jan Krauter mit seinem exzellenten Schmiedewissen auch anderen großen Klingen zugewandt. Daraus sind vier große Jagdmesser mit feststehender Klinge entstanden.

Kaum zu glauben: Alle vier Messer sind aus derselben Charge Damaststahl.

In der Härte gehen alle vier Messer auf 61 Rockwell. Sie sind wirklich sauscharf. Nachsatz des Autors: „Was sie bei mir auch sein müssen, da Schwarzwild im Revier."

Anfangen möchte ich mit den Messern eins und drei, den zwei ungleichen Brüdern. Obwohl diese beiden kleinen Flach-Erl-Jagdmesser mit feststehenden Klingen die gleiche Klingenform und dieselbe Abstammung haben, nämlich 260-lagiger Wilder Damast, könnte ihr Äußeres nicht unterschiedlicher ausfallen. Beide, wie übrigens auch die beiden großen Jagdmesser auf dem Foto oben, stammen aus derselben Charge Damaststahl. Und alle sind nach demselben Verfahren geschmiedet worden. Wie kann es da sein, dass die Musterungen so voneinander abweichen?

Diese Frage habe ich dem Schmied Jan Krauter gestellt, und überraschenderweise konnte er sie nicht beantworten. Er sagte in seiner ehrlichen Art: „Ich wollte es anfangs selbst nicht glauben, als ich beim Formschleifen der Klingen sah, dass jedes Mal etwas anderes herauskam. Aber das ist manchmal so bei Damaszenerklingen Wilder Damast." – Ich muss sagen, unglücklich bin ich darüber nicht, sind es doch vier verschiedene Messer.

Die beiden ungleichen Brüder (Nummer 1 und 3 vom Foto auf der linken Seite).
Sie haben eine Klingenlänge von 11 Zentimetern bei einer Gesamtlänge von 21 Zentimetern.

Das obere Messer ist ein typischer Vertreter des Wilden Damast, wobei durch die unterschiedliche linke und rechte Seite das Messer zwei Gesichter hat. Wundervoll passend dazu das Griffholz Golden Madrone. Darunter ein Wilder Damast, den man unter dem Begriff „Lagendamast " kennt. Im Grunde ein Qualitätsmerkmal für die ruhige Hand des Schmiedes, denn die parallel laufenden Linien sprechen für ein sehr gleichmäßiges Führen der Damastschiene unterm Hammer. Und das Holz, Zirikote, mit seiner längslaufenden Maserung passt wie gemacht für diese Klinge.

Dann die beiden großen Jagdmesser, schon auf Seite 66 zu sehen, dort als Nummer 2 und 4. Im Grunde wiederholt sich das Erscheinungsbild. Auch hier gibt es viele parallel laufende Linien und dazu die Augen und Wellen des Wilden Damastes.

Die beiden großen Jagdmesser.

Oberes Messer: Hochinteressant, da auf einer Klingenseite drei Muster anzutreffen sind – Linien, Augen und fast durchgehende Glätte an der Schneide. Das Griffholz ist ausgesuchtes Cocobolo (Palisanderart) mit sehr feiner Streifenmaserung. Klingenlänge bei beiden Messern 13 Zentimeter, ebenso die Gesamtlänge von 24,5 Zentimetern.

Unteres Messer: Auch hier dominiert zwar die Linienzeichnung, doch die Augen und Wellen sind deutlich kleiner als auf dem oberen Messer. Griffholz: Amboina Maser in erster Qualität. Das Holz ist durch die schöne rote Farbe und die Maserpunkte ein besonderer Blickfang.

Alle vier Messer: Thomas Roth.

Hier die linken Seiten.

Sie zeigen wiederum ein gänzlich abweichendes Muster, wobei die Linien bei allen Messern gleichermaßen anzutreffen sind. Auf dem Amboina-Holz kommen sehr schön die Maserpunkte heraus. Auch harmonieren in allen Fällen die Holzfarben wunderbar mit dem silbrig-grauen Damast.

Gegen das Ende des Streifzuges durch meine Messersammlung hin nun noch zwei Bilder von Damastmessern, bei denen man aufgrund der ins Auge fallenden Unterschiede der Damaststähle und Messerhölzer nach menschlichen Maßstäben sagen könnte: „Gegensätze ziehen sich an!“

Völlig unterschiedlich und traumhaft schön.

Oberes Messer: Klingenstahl von Markus Balbach, ungefähr 300 Lagen Leopardenfell-Damast, Stahlsorten 1.2842 und 1.2767; Neusilberbacken hochglanzpoliert; Griffholz: kalifornische Rosskastanie (= Buckeye Burl) stabilisiert.

Das untere V-Flak-Messer wurde schon auf der linken Seite vorgestellt. Beide Messer sind einfach berückend schön.

Der von Balbach verwendete Werkzeugstahl 1.2767 ist ein besonders verschleißfester, sehr zäher Kaltarbeitsstahl, der in der Industrie für Schermesser und Stanzwerkzeuge eingesetzt wird. Er hat lediglich 0,45 Prozent Kohlenstoff, dafür Chrom 1,40 Prozent, Molybdän 0,25 Prozent und hohe 4 Prozent Nickel.

Er zeichnet daher im Damast sehr hell und silbrig mit prägnantem Kontrast zu dem schwarzen Mangan des 1.2842 und gibt der Klingenschneide aufgrund des Molybdäns eine hohe Schnittfestigkeit. Hinzu kommt, dass die Klinge durch den Chrom- und Nickelanteil bei Kontakt mit Fruchtsäuren (Äpfel, Zwiebel und dergleichen) nicht so stark anläuft. Damaszenerklingen aus dieser Stahllegierung können sowohl im Ölbad als auch an der Luft gehärtet werden.

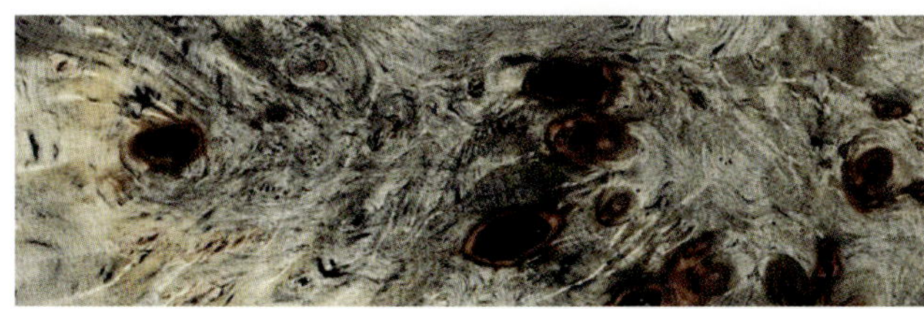

Griffholz des Leopardenfell-Messers von Balbach *(siehe oben).*

Durch Polieren und Ölen verändert sich die Farbe ins leicht Beige.

Jeder Schmied hat seine Lieblingslegierung. Bei Jan Krauter ist das die Stahlkombination 1.2842 und 75 Ni 8. Diese Kombination ergibt höchste Schärfe, weil sie sich hoch härten lässt. Doch die Stahlsorte 1.2767 punktet neben ihrer ebenfalls hohen Schärfe mit den 4 Prozent Nickel. Diese 4 Prozent geben den Klingen einen Glanz, den 75 Ni 8 nicht hat.

Ich habe mit Jan Krauter über diesen Punkt gefachsimpelt, was zur Folge hatte, dass er sich eine Charge 1.2767er zugelegt hat. Ohne mir viel zu erzählen, kam wenige Tage später ein Paket von ihm – Inhalt: zwei bezaubernd schöne Klingen, geschmiedet aus 1.2842 und 1.2767. Die eine Klinge in dem eigens von Jan Krauter entwickelten Feilkerb-Damast (er ähnelt dem Banddamast), die andere Klinge in dem Damastmuster „Kleine Rosen".

Obere Klinge:

Kleine Rosen.

Untere Klinge:

Feilkerb-Damast.

Klingen: rund 260 Lagen Werkzeugstahl 1.2842 und Kaltarbeitsstahl 1.2767.

Linke Seiten.

Die Überraschung war Jan gelungen, und nun stand für mich die angenehme Aufgabe an, die passenden Hölzer für diese Klingen auszusuchen.

Und das war dann die Lösung der Aufgabe:

Schlangenholz für „Kleine Rosen".

Zu der Klinge mit dem Muster „Kleine Rosen" passte wie gemacht das exklusive Schlangenholz. Der Griff ist auf Hochglanz poliert, was gerade bei Schlangenholz relativ leicht geht, da es dicht im Gefüge und sehr hart ist.

Eibe für Zick-Zack.

Die heimische Eibe mit ihrer ganz eigenen Färbung und Maserung hebt sich auf gelungene Weise von dem Zick-Zack des Feilkerbmusters ab. Ein Gegensatz, der sich prächtig ergänzt.

Zum Schluss meines Streifzuges will ich aber nicht versäumen, den Schmied vorzustellen, von dem ich bereits einige Klingen besitze und die auch hier als Messer vorgestellt wurden. Es ist Markus Balbach. Ursprünglich kommt er aus dem Sauerland, hat aber seit vielen Jahren schon eine große Schmiedewerkstatt im Taunus.

Markus Balbach ist insofern eine herausragende Persönlichkeit, als er nicht nur ein exzellenter Damastschmied ist mit eigenen Erfindungen *(DSC = Damaststahl super clean)*, sondern sein Unternehmen auch für die Industrie als Freiformschmiede bis in den Tonnenbereich hinein Teile produziert. Er liefert Damaststahl bis in die USA und Südkorea.

Die Vielfalt seiner Damaststähle, seien es rostfreie oder die nicht rostfreien, ist in unseren Breiten einzigartig, wobei die Qualitäten, die er liefert, erste Klasse sind, und zwar durchgängig und ohne Abstriche.

Was aber immer mit dem Namen Balbach verknüpft sein wird, sind seine Damaste aus Waffenstählen. Er war der erste, der aus dem Kanonenrohr des Leopardpanzers Damast geschmiedet hat. Hinzugekommen sind später noch die Panzerplatten des Schlachtschiffes Tirpitz, die – von Tauchern unter Wasser vom Wrack abgeschweißt – bei Balbach zu den berühmten Tirpitz-Damasten verschmiedet wurden. Aber auch andere Waffen, wie die Bordkanone des Eurofighters oder der Lauf des G 3-Gewehres, verwandelt Balbach zu besonderen Damaststählen.

Er hat dann auch folgerichtig ein Damastmuster kreiert namens „Leopardenfell-Damast“ *(siehe auch Seite 69)*, welches man nur bei ihm bekommt.

Durch seine Verfahren und Ideen werden heute auch von vielen anderen Damastschmieden Waffenstähle eingesetzt. Das geht über das Kanonenrohr des russischen Panzers T 34 bis hin zu den Motorenteilen und Antriebsketten der Harley Davidson. Auch Jan Krauter und Kilian Kreutz haben ja, durch Markus Balbach inspiriert, den Stahl der Vierlings-Flak zu Damastklingen verschmiedet, die, und das ist die Besonderheit, aufgrund der Seltenheit des Stahls einmalig sind.

Manche Damastschmiede treiben es aber auf die Spitze. Die Motorkettensäge ist zwar im wirklichen Leben ein äußerst hartes und zähes Werkzeug, und die verschmiedete Kette erzeugt auch im Damast ein besonderes Muster. Doch der Damaststahl als solcher kommt qualitätsmäßig nicht an die anderen Damaste heran. Er erreicht weder die Härte noch die Schärfe der mit zertifizierten Stählen hergestellten Damaste. In Kapitel II, bei den SHS-Aufbruchmessern, findet der interessierte Leser noch mehr über die Damastmuster von Balbach.

In der Folge nun einige Messer und Klingen von Markus Balbach, die ihren Weg in meine Sammlung gefunden haben.

Am Anfang standen wie immer Zeichnungen und die Anfertigung der Schablonen.

Die Schablonen.

Drei Steck-Erl-Klingen in unterschiedlicher Größe.

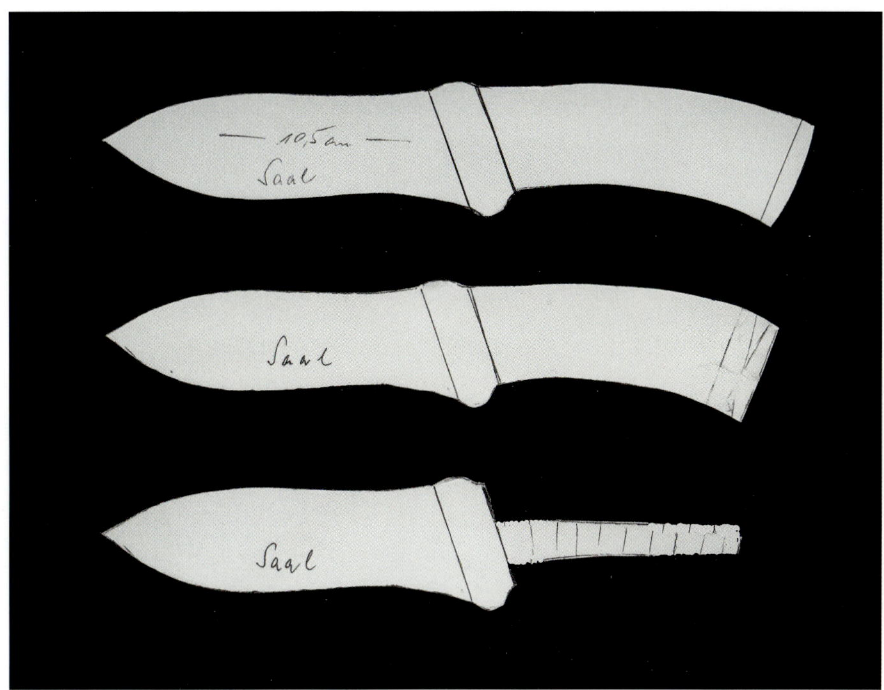

Geworden sind es dann drei echte Grazien.

Auf den folgenden Seiten nun die drei Balbach-Messer im Detail. Hier zwei unterschiedliche Ansichten vom ersten:

Ein Design Messer – Zwischenstufe Jagdmesser/Semiskinner.

Gesamtlänge: 22 Zentimeter, Balbach-Damast Werkzeugstahl 1.2842 und 1.2767, Muster Wilder Damast; Griffholz: Honduras Maser Palisander.

Dasselbe Messer in anderer Umgebung.

Einfach schön!

Und hier die nächsten beiden:

Herrlicher Amazonas Maser Palisander mit Balbach-Damast.

Ebenfalls 1.2842 und 1.2767, Muster Große Rosen. Das Endstück des Griffes und die Backen sind aus Neusilber und rahmen den Griff auf aparte Weise ein. Gesamtlänge: 19 Zentimeter.

Ein bezauberndes, kleines Messer.

Nur 15 Zentimeter lang, ein sogenanntes Neck-Knife, auf Deutsch: Schmuckmesser.

Balbach-Damast, Muster Große Rosen. Durch die Kleinheit der Klinge und den Anschliff ist aber nicht zu erkennen, dass es das Muster Große Rosen ist. Extra für meine Frau angefertigt. Es ist immer wieder ein Genuss, den glatt-samtigen Eibengriff anzufassen, die ausgefallene Maserung zu bewundern und sich darüber zu freuen, was Mutter Natur uns für schöne Dinge beschert.

Küchenmesser haben für den Sammler den Vorzug, dass aufgrund der Größe der Klinge sehr viel von dem Damastmuster zu sehen ist. Nachstehend meine zweite Kollektion, meine Küchenmesser. Ausdrücklich festhalten möchte ich, dass diese auch tatsächlich im Gebrauch stehen.

Zwei Damastplatten von Markus Balbach.

Oben Banddamast, unten Große Rosen. Aus der oberen Platte wurde das nachstehende Küchenmesser von Thomas Roth angefertigt.

Anfänglich war es mir wirklich zu schön, um damit in der Küche zu arbeiten.

Steck-Erl-Klinge; Gesamtmesser: Thomas Roth; Balbach-Banddamast mit eingeformten Neusilberbacken und Griffholz Redwood (Mammutbaum).
Gesamtlänge: 27 Zentimeter, wovon auf die Klinge 16 Zentimeter entfallen.

Küchenmesser mit den gleichen Maßen wie auf der linken Seite, jedoch Stienen-Banddamast.

Werkzeugstahl 1.2842 und 1.2767, Steck-Erl-Klinge mit Neusilberbacken, gebürstet; Griffholz: Zirikote, cross geschnitten. Im Gegensatz zu dem Balbach-Küchenmesser sind hier sichtbare Nieten angebracht.

Nieten.

Sie sind immer auch ein Stilelement.

Nach diesem Streifzug durch verschiedenste Messer meiner Sammlung, möchte ich nun etwas detaillierter drei Besonderheiten herausgreifen: mein A7-Messer, den V-Flak-Damast aus der Kanone und meine SHS-Aufbruchmesser.

II.
Besonderheiten

©AUDI DESIGN TEAM

„A-Seven-Knife“ oder „Das A7-Messer“

Ich gehöre zu jenen Zeitgenossen, die unheilbar vom Messerbazillus befallen sind. Da ich Jäger bin, gehört das Messer als Kalte Waffe zu meinem Handwerkszeug. Zu Anfang meiner jägerischen Laufbahn suchte ich mir Klappmesser aus, die einfach, praktisch und vielfältig einsetzbar waren, so nach dem Motto: „Eines für alles“. Das waren in aller Regel die schweren Hosentaschen-Ausbeuler mit Langklinge, Aufbruchklinge, Auswerfhaken und Säge sowie natürlich Flaschenöffner.

Der Vorteil dieser Messer ist: Man hat alles dabei. Ein schwerwiegender Nachteil wiederum ist die klobige Montur und die nur begrenzte Stabilität. Und bei Drückjagden mit Sauenvorkommen gehört ein weiteres, großes, feststehendes Abfangmesser dazu, ja, es ist geradezu ein Muss.

Jedenfalls, Messer faszinierten mich immer mehr. Das führte dazu, dass ich gleich mehrere Klappmesser besaß, obwohl ja eines genügt hätte. Ich war also bereits infiziert, ohne es zu merken.

Im Laufe der Jahre nahm der Spaß an Messern weiter zu, wobei nunmehr auch außergewöhnliche Formen und feine Griffmaterialien eine Rolle spielten. Ich baute eine kleine Sammlung auf, wobei für mich zunächst die Formen der Messer erstes Auswahlkriterium war, nicht so sehr die Qualität der Klinge. Erst, als die ersten Messer mit ATS-34-Klingen auf den Markt kamen, änderte sich das. Die Schärfe dieser Messer war eine Offenbarung. Und die Klingen, spiegelpoliert, mit feinster Fase und einer Schneidengeometrie, die die höchste Schärfe erst möglich machte, waren ein Traum.

Besonders die Messer von dem japanischen Messerkünstler Koji Hara hatten es mir angetan. Seine Messer waren sowohl vom Design als auch von der Funktionalität her einmalig. Bei zweien von ihnen konnte ich nicht widerstehen. Diese beiden Messer stellten alle meine anderen weit in den Schatten.

Das war auch der Zeitpunkt, zu dem ich anfing, nur noch nach höchsten Qualitätsmaßstäben zu sammeln. Auch achtete ich jetzt mehr auf die Funktionalität, und vor allem auf absolute Schärfe und Schnitthaltigkeit.

Nichtsdestotrotz konnte ich manchen Messern, die im Design etwas Besonderes darstellten, nicht widerstehen. Als Beispiel sei hier das auf der nächsten Seite gezeigte zweite Hara-Messer genannt, dessen vornehme Eleganz seinesgleichen sucht.

Jagdmesser 1 von Koji Hara.

Leichter Hohlschliff; Klingenlänge: 9,5 Zentimeter.

Jagdmesser 2 von Koji Hara.

Gesamtlänge: 18 Zentimeter; Klingenlänge: 7,5 Zentimeter; leichter Hohlschiff, der für Haras Messer typisch ist; Holz: Ahorn Wurzelmaser.

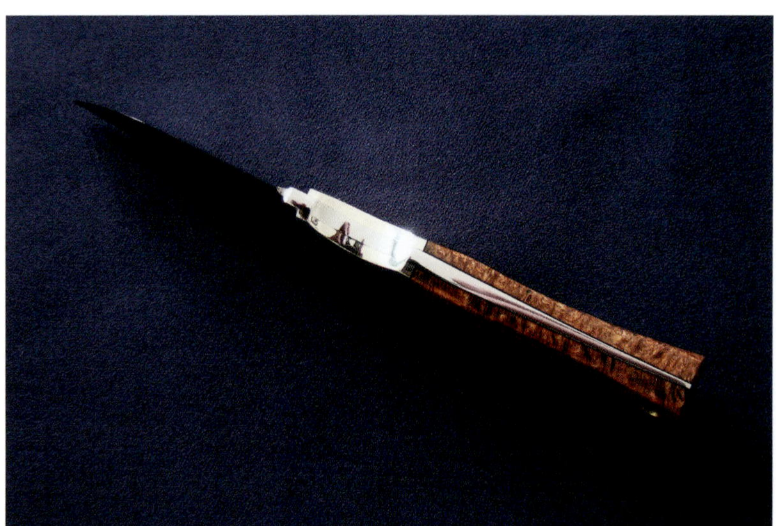

Daumenmulde.

Das umgedrehte Messer liegt dank dieser Daumenmulde wunderbar in der Hand und eignet sich perfekt zum Aufbrechen.

Einmal habe ich es mit zur Jagd genommen und den geschossenen Rehbock damit auch aufgebrochen. Das umgedrehte Messer lag wegen der Daumenmulde wunderbar in der Hand, und das Aufschärfen ging mit einer Leichtigkeit vonstatten, die allen anderen Messern mit den 440er-Stahlklingen total abging.

Aber schließlich war es mir für den Jagdgebrauch doch zu schade. Es ist einfach zu schön.

Und nach einiger Zeit kam, was kommen musste. Ich löste meine Sammlung fast völlig auf. Es war das eingetreten, was man am besten mit dem Satz umschreibt: „Das Bessere ist des Guten Feind."

Hinzu kam, dass auch Damaszenermesser mehr und mehr in mein Blickfeld rückten. Richtig Blut geleckt hatte ich aber dann, als Bernd Kluth, ein Kiersper Damastschmied, in meinem Beisein die erste V-Flak-Jagdmesserklinge mit über 400 Lagen schmiedete. Sie bestand aus dem Stahl der im ersten Kapitel dieses Buches mehrfach erwähnten Vierlings-Flak, das heißt, aus den Geschützrohren dieser Fliegerabwehrkanone des Zweiten Weltkriegs, und zwei zusätzlichen Stahlkomponenten, nämlich dem Kohlenstoffstahl mit Werkstoffnummer 1.2842 und Wälzlagerstahl 1.3505. Im nächsten Abschnitt werde ich darüber noch Genaueres berichten.

Ich stieg immer mehr in die fesselnde Welt des Damastschmiedens ein, machte die Bekanntschaft von Jan Krauter, dem exzellenten Damaszenerschmied aus Mecklenburg-Vorpommern, und dem im Sauerland ansässigen Kunst- und Damaszenerschmied sowie Messermacher Kilian Kreutz. Die Beiden verschmieden mittlerweile ebenfalls den Vierlings-Flakstahl, und Beispiele ihrer Schmiedekunst haben Sie im ersten Kapitel dieses Buches auf dem Streifzug durch meine Messerwelt bereits gesehen.

Auch entwarf ich so nach und nach eigene Klingen und Messer; ich war also, wie man so schön sagt, „mittendrin".

Jan Krauter – wir kennen einander nur per Telefon, sind aber trotzdem sehr schnell zum vertrauten „Du " übergegangen – war für alle Vorschläge offen. Eine von mir gezeichnete Jagdmesserklinge, ihm per Schablone übersandt, schmiedete er in der ihm eigenen Art mit nur etwa 160 Lagen Torsionsdamast aus den Stählen 1.2842 und 75 Ni 8.

Thomas Roth, ein Perfektionist und Messermacher aus Dortmund, komplettierte die Klinge mit auf Hochglanz polierten Neusilberbacken und exquisitem Honduras Palisander, welcher – sehr selten – in feinen Streifen gemasert ist.

Selbst entworfen.

Klinge von Jan Krauter, Torsionsdamast aus den Stählen 1.2842 und 75 Ni 8. Perfekt verarbeitet vom Messermacher Thomas Roth.

Gesamtlänge: 24 Zentimeter; Klingenlänge: 13 Zentimeter; Neusilberbacken, auf Hochglanz poliert; Holz: Honduras Palisander.

Doch dann mein großer Wurf.

Allen schönen Dingen des Lebens zugetan, schaute ich mir den neuen Audi A 7 Sportback an. Ein tolles Auto, ein Traum! Niedrig und breit geduckt, kraftvoll und dynamisch kam er daher und ließ beim Betrachter keine Sekunde den Zweifel aufkommen, dass hier ein superschnelles, superstarkes und von der Form her einmaliges Auto vor einem stand.

Die gestreckte Seitenlinie eine reine Augenfreude, wobei die spitz zulaufende Eleganz der Fensterflächen dem kraftvollen Erscheinungsbild die notwendige Leichtigkeit gab. Und wie ich noch im versunkenen und verzückten Betrachten des Autos war, wandelte sich wie von selbst vor meinem inneren Auge die seitliche Fensterfront in eine Messerklinge um. Dann, ganz bewusst hingeschaut, ja, in der Tat, es war eine Klingenform, eine Form, wie ich sie bisher noch nie an einem Messer geschaut hatte!

Aus dem mir vom Autohaus freundlichst zugedachten Katalog habe ich dann die Form herauskopiert und entsprechend vergrößert.

Vorlage für das A-Seven Knife: das Seitenfenster des Audi A 7 Sportback.

An die gesamte Klingenzeichnung habe ich mich sogleich gemacht. Zu der eigenwilligen Form der Messerklinge den passenden Griff zu finden, war ein besonderes Kunststück. Bis tief in die Nacht habe ich gezeichnet, bis endlich die Form stand. Doch das Ergebnis konnte sich sehen lassen!

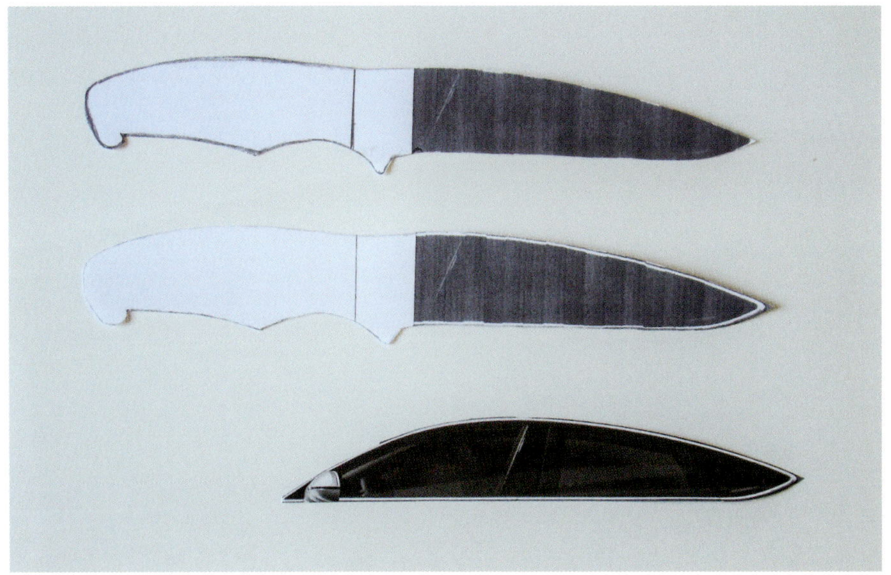

Die zwei Schablonen.
Ergebnis aus der unten abgebildeten Fensterfläche.

Ein Klingendesign, eigenwillig und elegant und weltweit sicher einmalig. Getauft habe ich es in Anlehnung an den Audi A 7 Sportback „A-Seven-Knife".

Jan Krauter, sofort Feuer und Flamme, schmiedete zwei Klingen in 160-lagigem Torsionsdamast, welche in puncto Eleganz dem Audi A 7 Sportback adäquat sind. Griffe und Backen waren die Aufgabe für Thomas Roth; und so war die Gewähr dafür gegeben, dass etwas Außergewöhnliche, ja Exquisites entstehen würde.

Als dann beide Messer fertig waren und Thomas Roth sie mir brachte – er wickelte sie vorsichtig und etwas umständlich aus den Leinentüchern –, blieb mir im wahrsten Sinn des Wortes die Spucke weg.

Wunderwerke.
Die ausgefallene Form, der bezaubernde Torsionsdamast, die wundervoll gezeichneten Wüsteneisenholzgriffe – die beiden Messer waren Gesamtkunstwerke von ganz hohen Graden. Sie strahlten eine Eleganz und Schönheit aus, ebenso wie ihr Namensvetter – der Audi A 7 Sportback.

Das Original und der Nachbau.

Ausgewogen.

Gesamtlänge: 23 Zentimeter; Klingenlänge: 12,3 Zentimeter.

(Unteres Messer von Seite 89.)

Die Unterseite.

Bis ins kleinste Detail perfekt verarbeitet.

Auch beim zweiten Messer: Alles bestens!

(Oberes Messer von Seite 89.)

In edler Gesellschaft – Aristokraten unter sich.

Oben: Fünfbahniger Türkischer Damast mit Wüsteneisenholz; Klinge: Jan Krauter; Gesamtmesser: Thomas Roth.

Mitte: A-Seven Knife; 160-lagiger Torsionsdamast; Griff: Wüsteneisenholz; Klinge: Jan Krauter; Gesamtmesser: Thomas Roth.

Unten: Klinge: San-Mai-Technik, was so viel heißt wie: Kohlenstoffklinge mittig, links und rechts armiert mit Wildem Damast; Griff: Ebenholz;
Form, Klinge und Gesamtdesign: Kilian Kreutz.

Finishing Touch.

A7-Messer mit Lederscheide von Thomas Roth.

Abschließend ist zu sagen, dass die A-Seven-Knives, ohne dass ich es anfänglich beabsichtigt hatte, auch sehr praktische Jagdmesser geworden sind. Gerade beim Aufbrechen ist die sehr stark geneigte Klinge von besonderem Vorteil, da ich ja das Messer umgedreht, also mit der Schneide nach oben halte und so weniger in Gefahr komme, in den Pansen zu schärfen.

Und immer, wenn ich die Messer und die so stark abfallende Klingenkontur sehe, fällt mir der Spruch eines Jägers aus dem Rauhaardackellager ein, der da sagte: „Ramsnase ziert den Hund!" – Recht hat er, sage ich, dasselbe gilt auch für mein A7-Messer!

Damast aus der Kanone

Wie entsteht eigentlich eine Messerklinge aus Damast? Oder in meinem Fall: Wie wird aus der Vierlings-Fliegerabwehrkanone ein Damastmesser, das man aus der Scheide ziehen kann? – Machen wir einmal einen Lokalaugenschein und schauen einem begnadeten Kunstschmied bei seiner Arbeit über die Schulter.

Oberhohenholten – nur wenige Menschen kennen diese Ortschaft mit ihren gerade einmal fünf Häusern. Und auch von den Einwohnern der nahegelegenen Stadt Kierspe kennen bei weitem nicht alle das in den sanften Bergen des Südsauerlandes versteckte Häusernest. Dabei liegt es nicht weit von der alten Kult- und Richtstätte „Thingslinde". Zwei uralte Linden stehen am Kreuzungspunkt von Straßen, die exakt aus den vier Himmelsrichtungen hier zusammentreffen. Nach der Überlieferung sollen an dieser Stelle die Germanen ihren Thing, also ihr Gericht, abgehalten haben. Es wurde Recht gesprochen, und ein Todesspruch wurde in aller Regel „schnurstracks" – von hier könnte das Wort auch seine Bedeutung haben – an einem der mächtigen Queräste der uralten Linden vollzogen.

Zwei Linden.

Die linke Linde ist mit Eisenankern zusammengehalten, aber immer noch voll im Laub; und die zweite, die rechte, auch schon altersgezeichnet.

Am A… der Welt.

Auf dem tiefsten Lande schmiedet der Sauerländer Messermacher Bernd Kluth seine Damaszenermesser.

Und dort, genauer gesagt, in einem der ineinandergeschachtelten Schuppen, ist der Kiersper Messermacher, Damastschmied und gelernte Kunstschmied Bernd Kluth am Lufthammer tätig. Er schmiedet in reiner Handarbeit seine außergewöhnlichen Messerklingen. Nebenan gackern die Hühner, die Enten schnattern vor sich hin, und ab und zu kräht der Hahn, während der Bär des Schmiedehammers mit schnellen, harten Schlägen den rotglühenden Stahl zu Damast formt.

Die Bekanntschaft mit Bernd Kluth ist durch Zufall entstanden. Mein Schwippschwager Ulf aus Kierspe, der von meiner Suche nach einem wirklich qualifizierten Damastschmied wusste, stellte den Kontakt zu ihm her. Ich hatte schon seit langem einige Vierlings-Flakrohre aufbewahrt, die über sechzig Jahre unbeachtet im Freien gestanden hatten. Sie waren zwar rostnarbig, aber es war in Anbetracht der Jahrzehnte in Wind und Wetter noch erstaunlich viel „Fleisch“ an den Läufen. Für den Schrotthändler waren sie zu schade. Mir schwebte vor – ähnlich wie bei Markus Balbach –, aus diesen Vierlings-Flakrohren exzellente Damastmesser schmieden zu lassen.

Der Geschützstahl dieser Fliegerabwehrkanone besteht aus einer Legierung, die den Läufen die zäh-harte Eigenschaft verleiht, um die enorm hohen Feuergeschwindigkeiten auch über längere Schusskadenzen auszuhalten, ohne dabei an Präzision einzubüßen. Die Legierung des Geschützstahls ist heute im Zeichen der Spektralanalyse kein Geheimnis mehr, die Art und Weise der Härtebehandlung jedoch sehr wohl.

Die Fliegerabwehrkanone hatte insgesamt vier Geschützrohre, daher auch der allgemein gängige Begriff „Vierlings-Flak". Bei den alliierten Bomberverbänden waren Stellungen mit dieser Vierlings-Flak wegen ihrer Treffgenauigkeit und ihrer hohen Schussfolgen gefürchtet.

Vierlings-Flak.

Die Fliegerabwehrkanone hatte vier Geschützrohre.

Die Frage, die sich mir stellte, war: Lässt sich aus diesem Material überhaupt etwas schmieden, oder ist es vielleicht doch in sich mürbe und brüchig durch überstrapazierte Läufe? Das sollte nun Bernd Kluth herausfinden. Wir verabredeten einen Termin, zu dem ich ein Flakrohr mitnahm.

Mit manchen Menschen wird man sofort warm, mit anderen hingegen überhaupt nicht. Doch hier war es so, wir konnten von Anfang an miteinander. Maßgeblich dafür war die gleiche Begeisterung für den lebendigen Werkstoff „Stahl" und das, was Menschenhand, Feuer und Ölbad alles aus ihm machen kann. Jedenfalls gingen wir nach nur kurzem Beschnuppern zum vertrauten „Du" über, was ja auch ein Gespräch viel lebendiger und einfacher werden lässt.

Der Lauf wird an einem Metallbock festgeklemmt, …

… dann tritt die Flex in Aktion.

Die beiden halbschaligen Hälften lassen eines sofort erkennen: Material ist genug vorhanden!

Bernd klemmte zunächst den Lauf mit einer soliden Schraubzwinge an einem Metallbock fest. Dann trat die Flex in Aktion, und mit einem Längsschnitt wurde das Rohr halbiert. Noch ein Querschnitt, und schon lagen zwei Hälften von rund 15 Zentimetern Länge am Boden. Schon bei diesem Arbeitsgang ließ Bernd seine Erfahrung durchblicken. Zu mir gewandt sagte er: „Hast du beim Flexen gesehen, der Funkenflug ist schon anders als bei normalem Stahl." Ich hatte das natürlich nicht erkannt, woher sollte ich das auch wissen?

Die beiden halbschaligen Hälften ließen eins sofort erkennen – Material war genug vorhanden. Nun ging es zur Feuerstelle, der Esse. Ein Bogen zusammengeknülltes Zeitungspapier, ein Schnipps mit dem Feuerzeug, und mit den aufzüngelnden Flammen wanderte es in die Esse. Dann sachte ein, zwei Schaufeln Holzkohle darüber, gleichzeitig vorsichtig das Gebläse angefahren, und im Nu glühte die erste Lage Holzkohle. Weitere Schaufeln folgten, und schon war der Kern des Feuers weißrot, ein Zeichen für die richtige Temperatur. Nun legte Bernd die an einem langen Eisenstab angeschweißte Rohrhälfte ins Feuer. Es dauerte nur wenige Minuten, bis der Stahl hellrot glühte.

Ich wusste bis dato nicht, dass Stahl „verbrennen" kann. Es ist der Kohlenstoff im Stahl, der ab einer bestimmten Temperatur – so um die 1.200 / 1.250 Grad – tatsächlich verbrennt, zu erkennen daran, dass der Stahl anfängt „Sterne" aufsteigen

Stahl, der „verbrennt".

Wenn der Stahl anfängt, Sterne aufsteigen zu lassen, ist die richtige Schmiedetemperatur erreicht.

Ausgereckt.

Aus den anfänglich 15 Zentimetern hatte der Schmied gut 50 Zentimeter gemacht, ausgeschmiedet als Flacheisen.

Sieht gut aus!

Autor mit der ausgereckten Schiene V-Flakstahl.

zu lassen. Das ist das sichere Zeichen für die richtige Schmiedetemperatur, aber auch der späteste Zeitpunkt, ihn augenblicklich aus dem Feuer zu nehmen. Jetzt ist die optimale Temperatur erreicht, beim Damastschmieden die Stahlsorten untrennbar miteinander zu verbinden, sie „feuerzuverschweißen". Beachtet man den Flug der Sterne nicht und lässt den Stahl nur wenig länger im Feuer, wird er ziemlich abrupt flüssig, und es entsteht im Nu verzunderter Schrott. Das Ganze ist eine echte Gratwanderung.

Auch bei meinem Vierlings-Flakstahl stiegen ein, zwei Sterne hoch, ähnlich wie bei einer langsam aufsteigenden Leuchtkugel. Bernd nahm die V-Flak-Rohrhälfte schnell aus der Esse, nunmehr ein Stück weißglühender Stahl. Dann trat der Lufthammer in Aktion. Gekonnt und mit schnellen Hammerschlägen, dabei hin- und herwendend, reckte Bernd das Stück Schlag um Schlag in die Länge, wobei ich bewundernd die präzise und sichere Handgeschicklichkeit beobachtete, mit der er zu Werke ging. Sogar ich als Laie merkte die Routine und jahrelange Erfahrung, die Bernd im Schmieden hatte. Dann schob er das schon flacher und länger gewordene Stück erneut in die Esse, wiederum bis zur Hochglut, dem dann erneutes Recken (Längen) folgte.

Aus den anfänglich 15 Zentimetern hatte Bernd zum Schluss gut 50 Zentimeter gemacht, ausgeschmiedet als Flacheisen mit einer Dicke von etwas unter 1 Zentimeter und einer Breite von rund 3 Zentimetern. Sang- und klanglos ließ er das Stück Stahl auf den Boden fallen. „So", meinte er, „jetzt soll es sich erst einmal ausruhen". Gemeint war das notwendige Abkühlen bis zur weiteren Verarbeitung.

Eine gute Gelegenheit, eine Flasche Bier zu öffnen. Der kreative Geist bedarf ja ab und zu stofflicher Hilfe, um neu befeuert zu werden. Wir unterhielten uns, wie es weitergehen sollte, wobei Bernd zufrieden auf das am Boden liegende Stück V-Flakstahl schaute und in seiner etwas wortkargen Art meinte: „Ließ sich gut schmieden, kann man gebrauchen." Damit war das Gütesiegel erteilt und endgültig klar: Der Vierlings-Flak-Geschützstahl hatte das Zeug zum Damaststahl.

Bernd griff in ein Regal und zeigte mir ein Paket aufeinandergeschichteter Flacheisenstücke. Es waren insgesamt fünf einzelne Abschnitte von etwa 9 Zentimetern Länge. Zwischen den einzelnen Lagen des Pakets hatte sich eine weiße Masse hervorgequetscht, und alle fünf Einzelteile waren durch Schweißpunkte miteinander verbunden. An der Stirnseite des Pakets, etwa in der Mitte, war ein Rundstab angeschweißt für das spätere Halten beim Erhitzen und Schmieden.

Ich schaute Bernd fragend an. Er erläuterte. „So machen wir es auch gleich bei deinem Stahl. Das Weiße ist Borax. Unter Hitzeeinwirkung verflüssigt es sich und bildet eine Glasschicht, die den Stahl bei der Herausnahme aus der Esse vor zu schnellem Abkühlen und vor Sauerstoffzutritt schützt. Außerdem muss zu deinem Flakstahl, der für sich allein zwar ein legierter, aber kohlenstoffarmer Stahl ist, noch ein weiterer, kohlenstoffreicher Stahl hinzugefügt werden. Nur der Flakstahl alleine mit seinem niedrigen Kohlenstoffgehalt, damit ist keine schnitthaltige, scharfe Klinge herzustellen. Vielleicht nehme ich sogar noch einen dritten Stahl hinzu. Dein Flakstahl hat mit Sicherheit einen hohen Anteil an Mangan, Nickel und Silizium. Diese Stoffe machen Eisen zäh, aber nicht allzu hart. Bei Geschützrohren sicher die richtige Mischung, für Messer allein jedoch nicht verwertbar. Kohlenstoff hingegen macht Stahl hart bis zur Sprödigkeit. Die Kunst liegt nun darin, die Stahlsorten so zu mischen, sie so miteinander zu verbinden, dass beide Eigenschaften ausgewogen zur Geltung kommen." – Für Bernd war das eine lange Rede. Aber Damaststahl war seine Leidenschaft. Bei diesem Thema wurde er gesprächig.

Das am Boden liegende Flachstück war mittlerweile abgekühlt, es hatte sich „ausgeruht". Mit der Flex schnitt Bernd drei Abschnitte aus dem Flacheisen, genauso lang, wie bei dem zuvor gezeigten Paket. Hinzu kamen zwei gleich lange, aber etwas dickere Abschnitte eines Kohlenstoffstahls (Werkstoffklasse 1.2842). Alle wurden mit Borax bepinselt, anschließend mit der Zwinge zusammengepresst, dann mittels Schweißapparat angepunktet, und schon war das kleine Stahlschichtpaket fertig. Noch die Rundstange hinten dran, jetzt konnte alles in die Esse.

Stahlschichtpaket.

Mitte Feilenstahl, dann V-Flak, dann Kohlenstoffstahl 1.2842, dann wieder V-Flak.

Kurz vor der Schweißtemperatur.

Gut zu sehen der Borax-Schmelzüberzug.

Das Gebläse brachte fauchend die nachgeschaufelte Holzkohle zur Hochglut, und mitten hinein steckte Bernd das Stahlpaket. Diesmal dauerte es etwas länger, bis die ersten Sterne stiegen. Dann trat wieder der Lufthammer mit seinen charakteristisch-harten Wumm-wumm-wumm-Schlägen in Aktion. In immer gleichem Rhythmus wiederholte sich nun das Reckschmieden und erneute Hochglühen. Ich schaute gebannt zu. Auf einmal wandte sich Bernd an mich. „Jetzt bist du dran. Du willst doch sicher an deiner Klinge ebenfalls geschmiedet haben.“ Damit hatte ich nun gar nicht gerechnet. Aber er war der Fachmann. Er würde schon aufpassen.

Schweißtemperatur – jetzt gilt's!

Das auf dem Amboss liegende Stahlschichtpaket unter dem Bär des Lufthammers.

Bernd reichte mir zwei große Lederstulpenhandschuhe, drückte mir dann die Gewindestange samt anhangendem weißglühenden und schon flachen Stahlpaket in die Hände. Ich legte das Ganze, wie zuvor bei ihm beobachtet, auf den Amboss, und mittels Fußbedienung brachte ich den Bär dazu, einige Schläge auf das Paket loszuwerden. Aber, verflixt noch einmal, das war ziemlich schwierig! Vor allem stellte ich mich insofern ungelenk an, weil mir das Gleichgewicht fehlte. Man steht nämlich hauptsächlich auf dem linken Bein, während das rechte den Hammerdrücker wie ein Gaspedal bedient. Je mehr nach unten, umso schneller schlägt der Hammer. Jedenfalls war ich froh, dass mir Bernd zur Seite stand und nach kurzer Zeit das Schmieden wieder selbst übernahm.

Fußbedienung.
Das rechte Bein bedient den Hammerdrücker wie ein Gaspedal.

Immerhin, ein wenig hatte ich an meiner Klinge auch gearbeitet. Der Gedanke, selbst an der eigenen Messerklinge geschmiedet zu haben, hatte etwas an sich. Da bekommt das Ganze eine andere Bedeutung und Wertigkeit.

Ich war mit Bernd übereingekommen, dass er ein Messer nach seinen eigenen Vorstellungen anfertigen sollte. Bei handwerklichen Schöpfungen ist das die beste Methode: die Kreativität des Künstlers zu fordern. Vor allem bekommt man ein wirkliches Original, in diesem Fall ein Kluth-Damastmesser, so, wie der Künstler sich „sein" Messer vorstellt. Natürlich wusste Bernd, dass ich Jäger war und demzufolge das Messer durchaus auch in der Praxis zu Gebrauch kommen sollte.

An diesem Tag gingen wir so auseinander, dass Bernd versprach, sich sofort zu melden, sobald die Klinge fertig war.

Ungeduldig wartete ich in den nächsten Tagen auf eine Nachricht. Aber ich war mir im Klaren, dass Handwerker und Künstler andere Zeitvorstellungen haben. Doch überraschend meldete sich Schwager Ulf, der des öfteren Kontakt zu Bernd hatte. „Ich habe deine Damastklinge aus Flakstahl gesehen", sagte er am Telefon. Ich war baff. „Sie hat über 400 Lagen", fügte er hinzu.

Jetzt hielt mich nichts mehr. Ich rief sofort Bernd an. „Ja", bestätigte er, „deine Klinge ist fertig. Wir können uns am Mittwoch treffen". Mir war das viel zu lang – immerhin noch fünf Tage –, doch ich konnte natürlich nicht über den Zeitplan eines berufstätigen Menschen bestimmen. Bernd ist im wirklichen Leben CNC-Fachmann in einer Werkzeugfabrik.

Mittwoch trafen wir uns dann. Bernd hatte in einem blaugewürfelten Werkstatthandtuch, sauber in Krepp-Papier eingepackt, einige Klingen aus seiner Schmiedearbeit mitgebracht, darunter auch meine Klinge. Ich muss sagen, ich war mehr als angenehm überrascht. Damastklingen einer ganz anderen Art hielt ich da in Händen. Nicht die üblichen, stark geätzten Damaststrukturen, die auf den ersten Blick das Damastmesser erkennen lassen, sondern Klingen, fein poliert, mit hochelegant-glatten Oberflächen, die ganz eigene, so noch nie geschaute Damastmuster aufwiesen. Darunter eine Klinge, die sich wie eine Königin von den anderen abhob. Eine Klingenform, die ich bisher noch nirgends gesehen hatte – und ich habe als Messersammler schon manches Messer in Augenschein genommen. Bernd nahm sie in die Hand, in der anderen hielt er eine Zeitungsseite. Mit einem feinen Zischen fuhr die Klinge durch das Zeitungspapier und teilte die ganze Seite. Eine beeindruckende Demonstration der Klingenschärfe!

Wahrhaftig, diese Klinge war als Ganzes ein Kunstwerk. Der außergewöhnliche Damast, die gesamte Form, der starke Klingenrücken, das sich keilförmig zur Schneide zu verjüngende Klingenblatt, all das ist einzig. Hier hatte der Kunsthandwerker Kluth ein Unikat geschaffen, das nicht wiederholbar war. Funktionalität, gepaart mit Eleganz. Die Vielfalt der Linien, das Gewölk der ineinander verschlungenen Stahlsorten – ja, in der Tat, diese Damastklinge mit ihren mehr als 400 Lagen hatte Charakter!

Der zufriedene Blick des Meisters …

… auf die fertig geschliffene Klinge.

Steck-Erl-Klinge mit angeschweißter Gewindestange; kurz angeätzt, um das Damastmuster zu sehen.

Auch die anderen Kluth-Damastklingen zeigten den generellen Unterschied zu den sonst üblichen, stark geätzten Damastklingen. Auf die auch möglichen Prägungen und Stempelungen in die Rohklinge, mit denen ein bestimmtes Muster erzeugt wird (Pyramiden, Rosen oder ähnliches) hatte Bernd verzichtet. An seinen Klingen zeigte sich der sogenannte Wilde Damast in seiner eigenen Ursprünglichkeit, „so wie Gott ihn schuf". Den auf dem Messermarkt überwiegend angebotenen Damastklingen ist ja eine gewisse Uniformität zu eigen. Anders dagegen Bernd Kluth mit seinen glattgeschliffenen, polierten und nur zur Farbgebung sparsam geätzten Klingen. Hier behält jede Klinge ihren eigenen Charakter. Einzig beim Torsionsdamast macht Bernd Kluth eine Ausnahme. Die Verdrehung des glühenden Vierkants ergibt nach dem Ausschmieden natürlich ein anderes Muster in der Klinge. Aber auch bei solchen Messerklingen verzichtet Bernd Kluth auf das Starkätzen. Sollte der Kunde es wünschen, ist Relief-Ätzung natürlich möglich, nur: 100% Bernd Kluth ist es dann nicht mehr.

Überhaupt ist das Ätzen der Klingen eine Wissenschaft für sich. Bernd nimmt ausschließlich Schwefelsäure. Ätzt man die Klinge in relativ kalter Schwefelsäure – ungefähr 35 Grad –, zeigen die einzelnen Stahlsorten ihre typischen Eigenfarben. Braun, Beige und Schwarz sind dann bei der V-Flak-Klinge die dominanten Farben. Sie lassen die Klinge wie edles Maserholz erscheinen.

Frisch aus der Säure.

Die Klinge kommt hier gerade aus der Säure.

Nur für die Vitrine.

Bei Ätzung in relativ kalter Schwefelsäure dominieren bei der V-Flak-Klinge die Farben Braun, Beige und Schwarz. Die Oxidationsschicht ist leider nur sehr dünn und nicht für den ständigen Gebrauch geeignet.

Für den Einsatz.

Wird dagegen heiße Säure verwendet, so erscheinen die typischen Damastfarben: von Schwarz bis Blau, viele Grautöne, und durch das Element Nickel mit einem silbrigen Grundton. Diese Oxidationsschicht ist dann deutlich verschleißfester.

Leider ist bei der Ätzung in relativ kalter Schwefelsäure die Oxidationsschicht nur sehr dünn und nicht für den ständigen Gebrauch geeignet.

Wird dagegen heiße Säure verwendet – anfänglich bis zu 90 Grad –, so erscheinen die typischen Damastfarben: von Schwarz bis Blau, viele Grautöne, und durch das Element Nickel mit einem silbrigen Grundton. Diese Oxidationsschicht ist deutlich verschleißfester. Es ist halt Geschmackssache. Das eine Messer ist für die Vitrine, das andere für den harten Einsatz.

Zur Formgebung selbst ist noch zu sagen, dass Bernd Kluth seine Klingen zur Gänze bis zur endgültigen Form schmiedet! Das ist die alte Kunst des Freiformschmiedens. Bernd beherrscht sie in Vollendung. Die meisten Klingenformen werden ja auf den Flachstahl aufgerissen und sodann ausgesägt oder gefräst. Nicht so bei Bernd Kluth. Hier ist die Klinge wirklich bis hin zur letzten Biegung frei aus der Hand geschmiedet.

Natürlich habe ich meiner Begeisterung und Anerkennung freien Lauf gelassen, was Bernd ziemlich ungerührt, aber, und das Gefühl hatte ich ganz deutlich, insgeheim doch mit einem gewissen Stolz zur Kenntnis nahm. Ehre, wem Ehre gebührt!

Eine kleine Besonderheit schob Bernd Kluth noch nach. Er hatte in Anbetracht des geringen Kohlenstoffanteils des V-Flakstahls doch noch eine dritte Stahlsorte zugefügt, und zwar Wälzlagerstahl. Dies nicht zuletzt, um auf die nötige Rockwellhärte zu kommen, aber auch zur Verbesserung des gesamten Gefüges. Ob die Rockwellhärte von etwa 60 HRC nun tatsächlich erreicht werden würde, war noch offen; die noch anstehende Härteprüfung würde es zeigen. Denn bis jetzt war es ja kein Messer, das sollte es erst noch werden. Derzeit bestand es nur aus der Klinge und dem Steck-Erl. Griff und die Abschlüsse mussten noch angepasst werden. Auch hierin hatte ich Bernd freie Hand gelassen. Ich hatte zwar die Griffmaterialien benannt, die ich mir vorstellte. Aber ob er für dieses Messer Wüsteneisenholz nehmen würde oder Rentierknochen oder nordische Birke, das war letztlich seine Entscheidung. Ich war jedenfalls gespannt auf den weiteren Fortgang.

Übrigens hatte Bernd das aus der zweiten Rohrhälfte V-Flakstahl geschmiedete Stahlpaket ebenfalls mit einer dritten Stahlsorte beschickt. Diesmal war es jedoch Feilenstahl, der genau in der Mitte des Schichtpakets platziert war. Werkzeugfeilen können wegen des hohen Kohlenstoffanteils sehr hoch gehärtet werden. Bekanntlich müssen sie sehr hart sein, damit Stahl bearbeitet werden kann. Feilenstahl hat von den Stahlsorten her mit den höchsten Kohlenstoffanteil, so etwa 1 bis 1,2 Prozent. Wie sich dieser Damast zeigen würde, blieb abzuwarten.

Dann endlich der ersehnte Anruf. „Ich hab das Messer fertig. Kommst du am Mittwoch nach Oberhohenholten?“ – Na klar kam ich. Am liebsten wäre ich gleich losgefahren.

Als ich den Wagen wie immer auf der Wiese vor dem Schuppen geparkt hatte, wartete Bernd schon auf mich. Einige Begrüßungsworte, dann meine ungeduldige Frage: „Wo hast du das Messer?“ – Und wieder war es ein gewürfeltes Handtuch, diesmal allerdings ein beigefarbenes, in dem Bernd das Messer, zusätzlich noch mit Küchenpapier umhüllt, sorgsam eingewickelt hatte. Etwas umständlich rollte er es aus dem Küchenpapier. Und wahrhaftig – er hatte alles gut gemacht!

Insgesamt hat das Messer die typische Nickerform, so, wie die stilettförmigen bayerischen Nickermesser aussehen, mit ihren Griffen aus geperlten Rehbockstangen. Aber es war doch wieder ganz anders. Zunächst die breite Klinge mit der vorn leicht geneigt zulaufenden Spitze. Sie gab der gesamten Klingenform eine besondere Dynamik. Und gerade dieses Detail ist für Jagdmesser von großer Bedeutung. Messer, bei denen der Klingenrücken bis zur Spitze hin gerade zuläuft, sind in aller Regel knochengierig. Sollte man einmal wirklich in die fatale Lage kommen, ein Stück abnicken zu müssen, darf die Messerspitze sich nicht sofort beim ersten Knochenkontakt darin „verbeißen“. Insofern ist ein vollkommen gerade zulaufendes Messer für die Jagd nicht praxisgerecht. Richtig ist es, wenn die Klinge am Knochen vorbeigleiten kann, eben weil die Spitze etwas abgesenkt ist. So kann sie glatt den Weg in den Rückenmarkskanal finden.

Dann der Griff. Bernd hatte Rentierknochen gewählt, nicht zuletzt deswegen, weil der elfenbeinerne Knochenton wunderbar zu dem graubraun geäderten Damast passte. Farblich war das Messer in sich absolut im Einklang, ein Gesamtkunstwerk, sauber und exakt gearbeitet. Die Abschlüsse aus goldenem Messing – hochglanzpoliert –, die die Hauptbestandteile des Messers, also Klinge und Griff, in dezenter Weise voneinander trennten, waren in feinster Handarbeit auf die Form des Knochens zugearbeitet. Das Ganze war eine wirkliche Augenweide!

Im allerersten Moment, als ich das Messer sah, hatte ich den Eindruck: „Der Griff ist zu lang.“ Das Auge schätzt ja sofort die Proportionen ab. Doch als ich das Messer in der Hand hatte, wusste ich, warum Bernd die Proportionen dem Gebrauch untergeordnet hatte. Es lag nämlich handausfüllend, richtig satt in der Faust. Damit konnte man wirklich arbeiten! – Bernd hatte mich die ganze Zeit beobachtet. Natürlich war er auf mein Urteil gespannt. Ich wandte mich ihm zu. „Bernd, du hast alles richtig gemacht. Es ist ein wunderbares Messer!“

Mittlerweile haben zwei weitere erstklassige Damaszenerschmiede von mir V-Flak-Geschützrohre erhalten. Beide schmieden auf die ihnen eigene Art wundervolle Damaststahlklingen, die wiederum gänzlich anders sind als die von Bernd Kluth. Tatsache ist, dass jeder Schmied seine eigene Handschrift hat und das Material nach seinen Vorstellungen formt. Auch darin liegt der besondere Reiz der einzigartigen Damaszenerklingen und Messer. Die beiden Schmiede sind Jan Krauter aus Mecklenburg-Vorpommern und Kilian Kreutz aus dem Sauerland. Aber die Handschrift dieser beiden erstklassigen Damastschmiede haben Sie im Lauf dieses Buches ja schon ausführlich kennengelernt …

„Alles richtig gemacht!"

Dieses V-Flak-Messer hat die farbige Oxidationsschicht durch kalte Schwefelsäure – wie altes Wurzelmaserholz. Leider nicht verschleißfest, aber wunderschön!

Das SHS-Aufbruchmesser

Und nun zu guter Letzt eine weitere Eigenkreation mit speziellem jagdpraktischen Hintergrund: das SHS-Aufbruchmesser.

Die ersten zwei Messer dieser Eigenkreation sind seinerzeit in einer deutschen Jagdzeitschrift unter dem Titel „Schräg und scharf – das SHS-Aufbruchmesser“ vorgestellt worden. Sie sind bezaubernd schön, und ich muss gestehen, dass ich bei diesen Messern zunächst Hemmungen hatte, sie in der rauen Wirklichkeit der Jagd einzusetzen – was dann aber trotzdem geschehen ist. In der Zwischenzeit sind längst weitere solcher Messer in unterschiedlichen Größen und Griff-Formen gefolgt. Im Artikel zu den ersten beiden aber habe ich die gedanklichen Aspekte dargelegt, die bei mir zur Entstehung dieser besonderen Messerform geführt haben. Diese Gedanken seien auch an dieser Stelle nochmals wiedergegeben.

Die Vielfalt an Messern und Messerformen ist unübersehbar. Für alles und nichts gibt es ein Messer. Dies gilt in abgeschwächter Form auch für den Bereich Jagdmesser. Viel Nützliches und Praktisches korrespondiert mit Phantasieformen, wo dann das Design über dem Zweck steht. Unter diesem Aspekt habe ich mir auch die Frage gestellt: Ob das, was mir vorschwebte, wirklich gebraucht wurde? Immer mit einer Portion Selbstkritik, habe ich dann doch mein SHS-Aufbruchmesser konstruiert. „SHS“ steht dabei für „Saal – Herscheid – Sauerland“.

Die Schablone zum SHS-Aufbruchmesser.

Hauptmerkmal ist die vor der Schneide angebrachte, halbmondförmige Mulde, in die bei umgedrehtem Messer exakt der Daumen hineinpasst.

Aufbruchmesser in der Herrenausführung mit Sattellederscheide.

Griffholz: Amazonas Maser-Palisander, Brasilien. Das Holz wird auch als Klangholz verwendet.

„Sternchen“ auf dem Klingenrücken.

Sie sind nur dem Torsionsdamast zu eigen.

Die rechte Messerseite.

Das SHS-Aufbruchmesser ist ein Jagdmesser, welches vorrangig das Aufbrechen des Schalenwildes erleichtern soll. Hauptmerkmal ist die vor der Schneide angebrachte, halbmondförmige Mulde, in die der Daumen bei umgedrehtem Messer exakt hineinpasst. Gleichzeitig schmiegt sich der gekrümmte Griff unter die Handmaus. In Verbindung mit der kurzen, sehr schräg angestellten Klinge schärft das Messer, quasi wie von selbst, durch die Bauchdecke; und bei jungen Stücken auch durch das noch nicht verknöcherte, knorpelige Brustbein. Aufgrund der festen Daumenauflage und der Anlage in der Innenhand kann das Messer nicht verkanten und kann daher sauber geführt werden.

Das Messer liegt gut in der Hand.

Hier umgedreht in der Aufbrechposition.

Auch in eine Damenhand passt die Form.

Griffholz: Laurel Maser, eine immergrüne Baumart aus Südamerika.

Auch in normaler Handlage fühlt es sich gut an.

Doch auch bei normalem Gebrauch liegt das Messer aufgrund der knuffigen Griff-Form satt in der Hand. Man kann damit alle anfallenden Schnitt- und Schärfarbeiten am Wild ohne weiteres bewerkstelligen, trotz der kurzen Klinge. Natürlich sind dem Messer Grenzen gesetzt. Der 200-Kilo-Hirsch oder der 100-Kilo-Keiler sind nicht die Paradedisziplin für das doch zierliche Messer. Aber im Rehwildrevier, da ist es in seinem Element. Hinzu kommt, dass es als kurzes, feststehendes Messer so stabil ist, dass es auch ein Knippen und Knappen nicht krummnimmt.

Das Messer in Aktion.

Sehr schön zu sehen, dass trotz der fast waagerechten Haltung des Messers die schräggestellte Klinge mit der Schneide deutlich über dem Brustkern liegt. Es ist also noch viel Schnittfläche da, wobei die Gefahr des Einschärfens in den Pansen stark gemindert ist.

Das SHS-Aufbruchmesser gibt es nur als Damaszenermesser. Der tordierte, 160-lagige Damaststahl von Markus Balbach ergibt neben seiner wunderschönen Zeichnung eine Schärfe an der Schneide, die seinesgleichen sucht. In Verbindung mit Griffhölzern der Edelklasse – Amboina, Wüsteneisenholz, Schlangenholz oder Amazonas Maser-Palisander – ist das Messer nicht nur ein handfester Gebrauchsgegenstand, sondern auch ein Augenschmaus sondergleichen. Die Neusilberbacken sind fein gebürstet und mattiert. Sie sind daher gegen Fingerabdrücke relativ unempfindlich.

Da es in reiner Handarbeit – angefangen von dem unterm Hammer geschmiedeten Stahl, der von Hand in Form geschliffenen Klinge und dem ebenso freihändig eingeformten Griff – hergestellt wird, ist es natürlich nicht ganz billig. Aber jeder Besitzer eines solchen Aufbruchmessers kann sicher sein – es gibt kein Gleiches. Jedes Messer ist aufgrund der Herstellungsweise ein Unikat.

Um auch der jagenden Damenwelt für die doch etwas kleineren Hände ein passendes Messer anzubieten, gibt es das SHS-Aufbruchmesser auch in einer kleineren Ausführung. Die Anfertigung ist jedoch mit der größeren Ausführung identisch, ebenso der Preis.

Die technischen Daten der beiden SHS-Messer
auf den vorigen Seiten
(Messer 1 / Messer 2)

Damaststahl: 160 Lagen Torsionsdamast aus den Werkzeugstählen 1.2842 und 1.2767, Damastschmiede Markus Balbach.

Gesamtlänge: 200 mm / 190 mm

Grifflänge einschließlich Backen: 110 mm / 105 mm

Klingenlänge: 90 mm / 85 mm

Maximale Klingenbreite: 40 mm / 35 mm

Gewicht: 230 Gramm / 205 Gramm

Und hier noch ein Blick auf die Ursprünge eines SHS-Aufbrechmessers. Geliefert wird von Balbach die Damaststahlplatte plangeschliffen und zur Hälfte angeätzt, um das Damastmuster sehen und beurteilen zu können. Sehr schön ist zu sehen, dass der Damaststahl im geschliffenen Zustand blank ist, wie jeder andere Stahl auch. Erst durch das „Ausziehen", so nennen die Solinger Damastmesserschmiede das Ätzen mit Säure – Schwefelsäure oder Eisen(III)-Chlorid –, werden die unterschiedlichen Schichten des Damastes sichtbar. Die weitere, ebenso bedeutende Zutat ist das Messergriffholz. Hier gibt es eine Vielzahl an Maserhölzern, und man ist – so geht es mir jedenfalls – immer wieder überrascht, welche Schönheiten die Natur für uns bereithält.

Damaststahlplatte plangeschliffen und zur Hälfte angeätzt.

Eine Platte Torsionsdamast in den Abmessungen 22 cm lang, 4 cm hoch und 4 mm dick. Oberhalb davon Hölzer der Spitzenklasse: links Perückenstrauch, mittig Thuja (Lebensbaum), rechts Amazonas Palisander.

Nun noch ein paar Pflegetipps. Die beiden vorgenannten Werkzeugstähle sind, wie schon einmal gesagt, nicht rostfrei. Doch erst durch die kohlenstoffreichen Stähle mit ihren besonderen Legierungen kann die Damastklinge die hohe Schärfe an der Schneide zur Verfügung stellen. Nach Gebrauch des Messers sollte dieses mit klarem Wasser gereinigt und anschließend sorgfältig getrocknet werden (Papier oder Tuch). Anschließend müssen alle sichtbaren Stahlteile mit einem mit Waffenöl getränkten Tuch übergewischt werden.

Niemals sollte ein nicht abgetrocknetes Messer in die Lederscheide gesteckt werden. Ansonsten würde in kürzester Zeit die Nässe in Verbindung mit der im Leder vorhandenen Gerbsäure die Klinge angreifen. Das gibt unschöne schwarze Flecken und im schlimmsten Fall Rost. Ebenso sollte man Damaszenermesser nicht ständig in der Lederscheide aufbewahren (dazu sind sie im übrigen auch zu schön). Die auch in geheizten Räumen vorhandene Luftfeuchtigkeit reagiert auf Dauer mit den Gerbstoffen im Leder und dann auch mit dem Stahl. Hat man allerdings die Innenscheide mit einem guten Waffenfett eingestrichen, besteht kaum noch eine Gefahr.

Um die Schärfe an der Klinge zu erhalten, sollte diese rechtzeitig nachgeschliffen werden. Keinesfalls warten, bis die Klinge stumpf ist. Nun gibt es eine Vielzahl von Schärfmöglichkeiten. Den Wetzstahl sollte man gleich verbannen. Man beschädigt damit nur die Klinge, und das Schärfergebnis ist meistens nicht berauschend. Glücklich derjenige, der mit Öl- oder Wasserstein von Hand schärfen kann. Ich kann es leider nicht. Mir gelingt es einfach nicht, den Schleifwinkel zu halten. Es gibt aber auf dem Markt einige brauchbare Schärfwerkzeuge, wobei die Durchziehschärfgeräte nur bedingt tauglich sind. Sie nehmen viel Material von der Schneide, ohne eine wirklich hohe Schärfe zu erzeugen.

Ich habe mir den Spyderco Sharpmaker angeschafft. Er ist zwar teuer, aber mit seinen hochfesten dreieckigen (!) – das ist die Besonderheit – Keramikschleifstäben kann man auf einfachste Weise Rasiermesserschärfe erzeugen. Natürlich kann man damit alle Messer des Haushaltes ebenfalls schärfen, sogar Wellenschliffmesser.

Aber auch der Lansky De Luxe Crock Stick ist sehr gut geeignet. Nicht teuer, klein und gut auf Reisen mitzunehmen. Es hat je zwei Paar Keramikstäbe, einmal im 20-Grad-Winkel gesteckt und einmal im 25-Grad-Winkel. Man hat so alle wichtigen Schneidwinkel zur Verfügung. Ich benutze ihn jetzt fast mehr als den Sharpmaker von Spyderco.

Nach den beiden Anfangsmessern des SHS-Aufbruchmessers gab es noch eine Reihe Folgemesser. Ein paar von ihnen sollen in der Folge noch vorgestellt werden.

Ein edler Nachfolger.

Klinge: Balbach-Torsionsdamast 160 Lagen, Stahlsorten 1.2842 und 1.2767; Griffholz: Amboina Super Premium; Backen: Neusilber, gebürstet; Gesamtlänge: 20,5 cm; Klingenlänge: 9 cm; Klinge spiegelpoliert.

Rechte Seite.

Das Splintholz wurde hier mit Absicht als Gestaltungselement in dem Griff belassen, zumal der Splint bei Amboina genauso hart ist wie das Kernholz.

Das nächste Aufbruchmesser ist etwas ganz Besonderes. Hier hat mein Schmiedefreund Kilian Kreutz den Damast geschmiedet.

Eines mit Ebenholz.

Klinge: 320 Lagen Damast, tordiert, aus den Stahlsorten1.2442 (hat 2 Prozent Wolfram), 75 Ni 8 (Nickelstahl) und 1.3505. Aus dem 1.2442 werden Sägeblätter gefertigt, 1.3505 ist Wälzlagerstahl, also beides sehr harte und verschleißfeste Stahlsorten. Griffholz ist das seltene und auch sehr teure Royal White Ebony (deutsche Bezeichnung: schwarz-weißes Ebenholz). Backen: Neusilber gebürstet.

Die rechte Seite und das Griffende.

Ein Traum!

Wüsteneisenholz der Extraklasse, direkt aus den USA (Arizona). Klinge: Balbach-Torsionsdamast, 160 Lagen.

Linke Seite.

Die gleiche Klinge, die gleichen Abmessungen wie das Messer auf der vorigen Seite.

Die Griffschalen dieses Messers sind jedoch aus dem westafrikanischen Bubingaholz gefertigt.

Linke Seite.

Zwei filigrane Schönheiten.

SHS-Aufbruchmesser, darunter Flensburger Kandislöffel, Sterlingsilber.

Linke Seite.

Die Gesamtlänge dieses Messers beträgt 19 Zentimeter. Man glaubt gar nicht, wie sehr sich schon geringfügige Veränderungen in den Proportionen – sei es Klingenlänge oder Krümmung des Griffs – auf das Gesamtbild auswirken.

Fertig zum Transport!

Das Aufbruchmesser in einer ungefärbten Sattellederscheide.

Jedes Buch hat ein Ende. Der Streifzug durch meine Messerwelt endet also hier. Beim Messersammeln aber, da gibt es kein Ende…

Ich hoffe, dass ich Ihnen in diesem Buch die eine oder andere Anregung zum Umsetzen der eigenen Ideen geben konnte – und auch die zusätzlich notwendigen technischen Hinweise.

Das abschließende Kapitel III gibt nochmals einen tabellarischen Überblick über die verschiedenen Stahlsorten, über Damastmuster und Messerhölzer.

III.
Kurz gefasst: Legierungskunde, Stahlsorten, Damastmuster, Messerhölzer

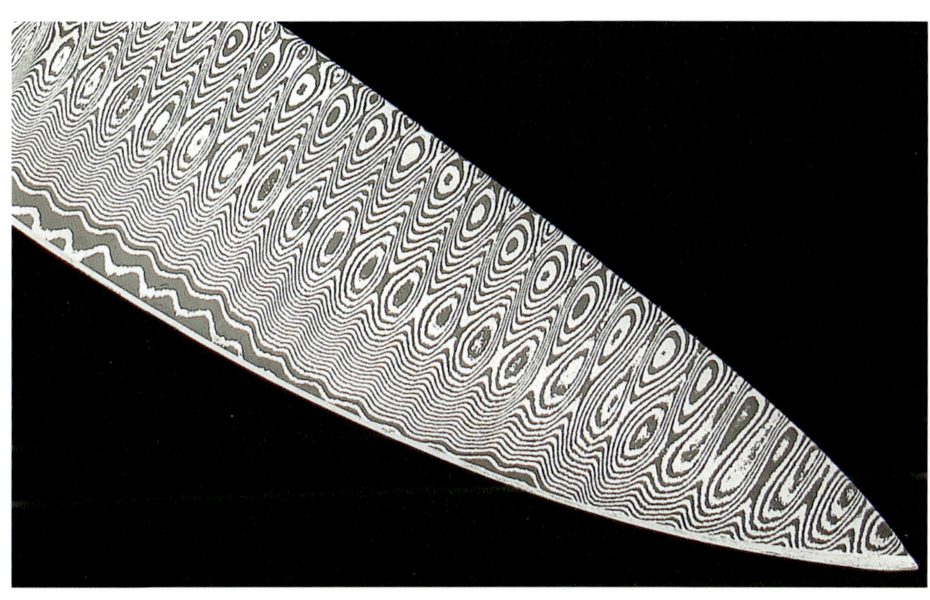

Kleine Legierungskunde

Vorausgeschickt sei zunächst, dass Eisenerz, so, wie es aus der Natur gewonnen wird, erst durch die Verhüttung – also Schmelze – zu den verschiedenartigen Eisenprodukten wird. Roheisen, und insbesondere Gusseisen, lässt sich aufgrund des hohen Kohlenstoffgehalts – teilweise bis zu 6 Prozent – nicht plastisch verformen (schmieden). Erst die sogenannten niedrig legierten Stähle, das sind Stähle unter 0,5 Prozent Kohlenstoff und geringen anderen Legierungselementen, sowie die hochlegierten Stähle ab 0,5 Prozent Kohlenstoff plus weiteren Elementen können schmiedetechnisch verformt werden. Bei Stählen bis etwa 0,2 Prozent Kohlenstoff und kaum anderen Legierungselementen spricht man von unlegiertem Stahl, etwa Baustahl St 37. Er ist aufgrund des geringen Kohlenstoffanteils nicht härtbar und für Werkzeuge ungeeignet. Erst durch die weitere, kontrollierte Zuführung von Kohlenstoff (ab 0,22 Prozent) entsteht Werkzeugstahl, der nun auch härtbar ist. Es sind dies alles Stähle, die nicht rostfrei sind.

Hier nun die wichtigsten Elemente, die im Stahl zu finden sind und die für das Damastschmieden eine besondere Bedeutung haben:

Fangen wir mit dem *Kohlenstoff (C)* an: Er ist beim Damastschmieden das wichtigste Legierungselement überhaupt. Vereinfacht gesagt: Je höher der Kohlenstoffanteil, desto höher die erreichbare Härte und Verschleißfestigkeit, wobei die Grenze bei etwa 1,8 bis 2,0 Prozent Kohlenstoff liegt. Darüber sind wir schon wieder beim Gusseisen, welches schmiedetechnisch nicht verformbar ist. Angestrebt wird beim Damastschmieden ein Kohlenstoffanteil zwischen 0,8 und 1,4 Prozent, je nach Legierungsanteilen der zugefügten Stahlsorte(n) und Verwendungszweck des fertigen Werkzeugs (Messer oder Axt).

Mangan (Mn) ist wichtig für die Durchhärtbarkeit und Zähigkeit des Stahls. Auch verbessert er die Schweißbarkeit. Er zeichnet im Damast fast schwarz.

Nickel (Ni) verbessert die Säurebeständigkeit und Rostträgheit des Stahls, ist aber kein Karbidbildner. Er zeichnet, je nach Anteilen, silbrig bis hellsilber. Nickel ist unerlässlich beim Damast, um die Damastzeichnung hervorzuheben.

Chrom (Cr) wiederum hat zwei wichtige Eigenschaften. Zum einen lässt Chrom den Stahl rostträger werden. Zum anderen aber ist er ein Karbidbildner, der ein grobes Stahlgefüge verfeinert und die Verschleißfestigkeit erhöht. Auch wird durch Chromzusatz die Härtbarkeit erhöht. Ab etwa 12 Prozent Chrom spricht man von rostfreien Stählen. Die Chromkarbide sind zwar hart, aber relativ groß. Das hat zur Folge, dass die Karbide aus feinen Schneiden (20 bis 25 Grad Schneidwinkel) leicht ausbrechen. Der dadurch entstehende Sägezahneffekt führt zu dem Trugschluss, die Schneide sei scharf, was sie aber nicht ist. Deswegen werden rostfreie Klingen meistens mit einem Schneidwinkel von 30 Grad, bei Haumessern sogar 40 Grad versehen. Chromstähle eignen sich nur bedingt zum Damastschmieden und sind bei der Feuerverschweißung problematisch.

Vanadium (V) ist auch in kleinen Mengen ein wichtiges Legierungselement. Vanadium ist ein starker Karbidbildner und weist sehr harte Karbide auf. Für die Schnitthaltigkeit des Damaststahls ist Vanadium von großer Bedeutung.

Wolfram (W). Wolfram-Stahl ist aufgrund der Härte der Karbide der Grundstoff für hochbelastete Werkzeugstähle. Durch den hohen Schmelzpunkt des Wolframs sind Werkzeuge, die besonderen Hitzebelastungen ausgesetzt sind, äußerst verschleißfest. Die Glühfäden in jeder Glühbirne bestehen aus reinem Wolfram.

Silizium (Si). Silizium erhöht die Festigkeit und Verschleißfestigkeit. Es erhöht stark die Elastizitätsgrenze und wird daher bei Federstählen hinzulegiert. Es ist jedoch bei Damaststählen nicht unbedingt erforderlich.

Molybdän (Mo). Molybdän fördert die Feinkornbildung und wirkt sich günstig auf die Schweißbarkeit aus. Es ist ein starker Karbidbildner, und es verbessert die Schneideigenschaften. Die Festigkeit des Stahls wird durch Molybdän verbessert.

Metallkarbide – das sind die Verbindungen der Metall-Atome mit Kohlenstoff und anderen Elementen, je nach Bedarf. Sie bilden im Stahl das Gefüge (kristalline Ausformung). Grobkörniges Gefüge ist für Damastmesser unbrauchbar. Je feiner das Gefüge, umso schärfer wird die Klinge.

Und zum Schluss dieser kleinen, ganz sicher nicht vollständigen Legierungskunde ein schöner und zutreffender Spruch, den einmal ein renommierter Messerschmied losgelassen hat: „Carbonklingen (Carbon = Kohlenstoff) sind die Ferraris, rostfreie Klingen hingegen die Mittelklasse.“ – Er hat’s damit auf den Punkt gebracht.

Damastmuster und ihre Entstehung

Aus geschmiedetem Lagendamast (ein Damast, bei dem durch sehr gleichmäßiges Arbeiten des Schmiedes unterm Lufthammer die einzelnen Lagen sehr gerade und gleichmäßig verlaufen) werden durch anschließende Prägung – entweder maschinell per Durchlauf der glühenden Damastschiene durch Druckwalzen mit entsprechenden Prägemustern oder auch von Hand – Abdrücke in den glühenden Stahl geprägt. Die Verformungen im Stahlgefüge bleiben erhalten und zeigen sich später auf den plan geschliffenen Damastplatten.

Jan Krauters Feilkerb-Damast zum Beispiel entsteht, indem er mittels Handhammer immer wieder in geringen Abständen die scharfe Kante einer Dreiecksfeile in die 1.000 Grad heiße Damastschiene einschlägt.

Hier nun die wichtigsten und am häufigsten verwendeten Damastmuster:

Große Rosen

Kleine Rosen

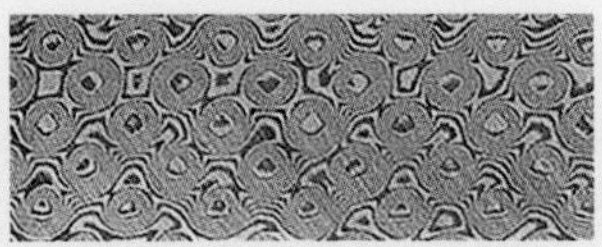

Torsionsdamast
(entsteht nicht durch Prägung, sondern
durch Verdrehen eines Damast-Vierkantstabes)

Wilder Damast
(entsteht ebenfalls nicht durch Prägung,
sondern durch unterschiedlich harte Hammerschläge)

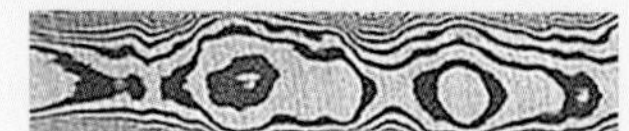

Banddamast

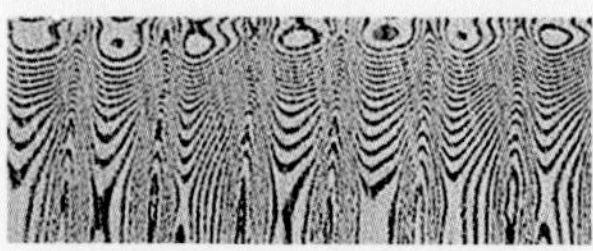

Große Pyramiden

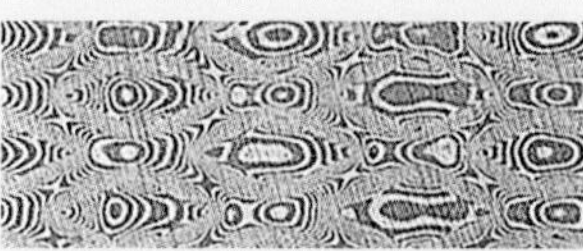

Leopardenfell

Türkischer Damast
(entsteht, indem Schienen mit verschiedenen Damastmustern zu einer einzigen verschmiedet werden.
Hier ist höchste Schmiedekunst gefragt, da die Linien der einzelnen Muster möglichst gerade verlaufen sollen.
Das gelingt nicht immer, ist dann aber auch nicht so immens teuer. (Schmiede Jan Krauter)

Die jeweiligen Muster werden auf den plan geschliffenen Damaststahlplatten durch kurzes Ätzen sichtbar gemacht. Die Damastmuster verändern später ihr Aussehen durch den schrägen Anschliff der Klingen, behalten aber ihre eigene Charakteristik.

Alle Muster (bis auf Türkischer Damast) entstammen der Schmiedewerkstätte von Markus Balbach.

Werkstoffliste der im Buch vorgestellten Stahlsorten

1.2842 – Werkzeugstahl; (z.B. Schnitt- und Stanzwerkzeuge)
C 0,90 / Mn 2,00 / Cr 0,40 / V 0,10

1.3505 – Wälzlagerstahl (Kugeln und Rollen) Typ I und II
C 0,93 bis 2,05 / Si 0,15 bis 0,35 / Mn 0,25 bis 0,45 / Cr 1,35 bis 1,60

1.2767 – Kaltarbeitsstahl; z.B. Knüppelscherenmesser, Schneidwerkzeuge; sehr zäh durch den hohen Nickelgehalt

1.2210 – Silberstahl; Werkzeugstahl für Gewindebohrer, Achsen, Wellen und Schlagzähne für die Holzbearbeitung
C 1,15 bis Si 0,25 / Mn 0,3 / Cr 0,65 / V 0,09

1.2003 – Kaltarbeitsstahl für Kreis- und Bandsägen
C 0,75 / Si 0,35 / Mn 0,70 / Cr 0,35

1.2235 – Kaltarbeitsstahl für Kreissägen, Papiermesser u.a.
C 0,80 / Si 0,30 / Mn 0,40 / Cr 0,55 / V 0,20

1.2442 – Kaltarbeitsstahl, hauptsächlicher Einsatzzweck: Metallsägen; hohe Härte und Warmfestigkeit durch Wolfram

75 Ni 8 (schwedischer Nickelstahl) – entspricht der Werkstoffnummer **1.5634**
C 0,75 / Si 0,30 / Mn 0,40 / Cr 0,15 / Ni 2,00

C 45 – gleich Werkstoffnummer **1.0503**; relativ weicher, unlegierter Stahl für Teile im Maschinenbau
C 0,45 / Si 0,40 / Mn 0,65 / Cr 0,40 / Mo 0,10 / Ni 0,40

C 75 – gleich Werkstoffnummer **1.0605**; Vergütungs- bzw. Federstahl, unlegiert
C 0,7 bis 0,8 / Si 0,25 / Mn 0,60 bis 0,80

CK 60 – gleich Werkstoffnummer **1.1221**; Vergütungs- bzw. Federstahl, unlegierter Kohlenstoffstahl für allgemeine Maschinenbauteile
C 0,57 bis 0,65 / Ni 0,4 / Cr 0,4 / Mn 0,6 bis 0,9 / Si 0,4 / Mo 0,1

Die sogenannten C-Stähle (Carbon = Kohlenstoff) werden beim Damastschmieden hauptsächlich zum Erhöhen des Kohlenstoffanteils verwendet. Es lassen sich damit zwar auch Messerklingen schmieden, jedoch werden die Klingen wegen des relativ geringen Kohlenstoffanteils und des Fehlens derjenigen Legierungselemente, die zur Karbidbildung beitragen, nicht so verschleißfest wie höher legierte Messerstähle. Das Nachschärfen geht dafür leichter vonstatten, und die erzielbare Schärfe ist durchaus beachtlich.

ST 35 – reiner Baustahl; nicht härtbar; Hauptaugenmerk liegt bei diesem Stahl auf Zugfestigkeit (Betonarmierungen).

Messerhölzer, die Bäume dazu und deren Holz

Nicht alle Bäume haben ein Holz, das für Messergriffe geeignet ist. Zu der im Vordergrund stehenden Schönheit und Ausdruckskraft muss auch noch die Verschleißfestigkeit kommen.

Doch mittlerweile ist durch die neue Technik des Stabilisierens – dem Durchdringen des Holzes mit hochviskosem Plexiglas mittels Vakuum – ein Holzspektrum entstanden, das alle Wünsche an Aussehen, Beständigkeit und Verschleißfestigkeit erfüllen kann.

Nun zu den Hölzern, die für Messergriffe verwendet werden bzw. an den Messern dieses Buches vorkommen, in alphabetischer Reihenfolge.

Ahorn
Dieser Laubbaum wird etwa 20 Meter hoch, mit einem Stammdurchmesser von bis zu 1 Meter. Es gibt den Bergahorn und den Feldahorn. Das Alter geht bis zu 200 Jahren und mehr. Der Ahorn kommt in ganz Europa vor. Er bildet öfter im Wurzel- und Stammbereich Maserknollen aus, in dem dann wunderschön gezeichnetes Holz zu finden ist. Dieses Holz ist zwar relativ hart und dicht, es wird aber häufig auch stabilisiert – einfach weil man dann auf der sicheren Seite ist.

Amboina
Ein Laubholzgewächs, das mehr Strauch als Baum ist. Es wächst in Südostasien, mit dem Hauptverbreitungsgebiet auf der Insel Ambon. Aber auch in Kamerun und Nigeria kommt es vor. Es gehört zu der großen Familie der Padouk-Hölzer. An Schönheit und Ausdruckskraft ist es jedoch einzigartig unter diesen Hölzern. Das Holz ist feinfaserig, dicht und fest. Es lässt sich sehr gut bearbeiten. Die typisch rote Farbe variiert von Orange bis Rot. Die aus dem Wurzelbereich stammenden Maserknollen erzielen auf dem Markt Höchstpreise.

Birke
Ein Laubbaum mit vielen Unterarten, der mehr oder weniger überall vorkommt. Die Wuchshöhe beträgt bis zu 30 Meter, wobei der Stammdurchmesser um die 80 Zentimeter liegt. Für Messerhölzer wird sehr gern die Karelische Birke genommen, deren Maserholz eine schöne Zeichnung hat. Durch das relativ weiche Holz der Birke haben Fäulnispilze leichtes Spiel. Das Holz verstockt sehr leicht, was aber bei der heutigen Stabilisierungstechnik wunderschöne Zeichnungen hervorbringt. Stabilisiertes Holz ist wie Hartholz und daher uneingeschränkt zu empfehlen.

Bubinga
Die Bäume kommen aus dem Kongo, aus Kamerun und Gabun, also aus Zentral- und Westafrika. Es sind immergrüne Bäume, die Wuchshöhen von bis zu 50 Metern erreichen. Die geraden und zylindrischen Teile sind teilweise 25 Meter lang, und der Stammdurchmesser beträgt bis zu 2 Meter. Das Kernholz besitzt eine rötliche bis tief dunkelrote Farbe. Das Holz ist sehr hart und schwer, lässt sich aber gut bearbeiten.

Buckeye Burl (Kalifornische Rosskastanie)
Ursprünglich auf Europa beschränkt, ist die Kastanie heute auch in Nordamerika anzutreffen. Sie ist ein stattlicher Laubbaum mit Höhen um die 30 Meter bei einem Stammdurchmesser von bis zu 1,5 Metern. Das Holz ist hart mit poriger Zeichnung. Die Früchte sind eine begehrte Nahrungsquelle für Reh, Hirsch und Sau. Maserqualitäten ergeben sich fast ausschließlich durch Holzwucherungen. Da diese sehr oft porös und brüchig sind, werden sie stabilisiert, was zur Fixierung der oftmals überwältigend schönen Maserung führt. Messerhölzer aus der kalifornischen Rosskastanie weisen eine Besonderheit auf. Der Baum hat aufgrund der Trockenheit der Standorte ein überdimensional großes Wurzelwerk entwickelt und kann darin große Wassermengen speichern. Aufgrund dieser Eigenart sind einige Wurzelstränge manchmal armdick und ineinander verschlungen. Das Holz dieser Wurzeln ist porös, zeigt aber eine außergewöhnliche Vielfalt an Maserung, Streifen, roten und rotbraunen Punkten. Es ist aufgrund dieser Vielgestaltigkeit der Zeichnungen einmalig auf der Welt. Durch das Stabilisieren hat man dieses Holz einer normalen Bearbeitbarkeit zugänglich gemacht. Es ergeben sich phantastische Hölzer für den Messerbau.

Cocobolo
Ein Laubholz, das zu den Palisanderarten gehört. Es kommt aus Mittelamerika und wächst entlang der Pazifikküste von Mexiko bis Panama. Der Baum erreicht eine Höhe von bis zu 15 Metern, bei einem Stammdurchmesser von etwa 50 Zentimetern. Das Holz hat ein Farbspektrum von Hellgelb, Orange bis Rötlich und Tiefdunkelrot. Es ist hart und dicht. Die Maserung verläuft in unregelmäßigen Streifen, wobei sich alle geschilderten Farben finden können. Der Ölgehalt im Holz ist so hoch, dass aufgetragene Ölpolitur manchmal gar nicht angenommen wird. Es reicht dann, nur zu polieren.

Eibe
Ein immergrüner Nadelbaum, der als Besonderheit weder im Holz noch in der Rinde Harz aufweist. Er kommt überall in der gemäßigten Klimazone der Nordhalbkugel vor. Eiben bilden keine Zapfen aus. Der Baum wird bis zu 20 Meter hoch, mit einem Stammdurchmesser von etwa 1 Meter. Die Eibe ist, bis auf das rote Fruchtfleisch ihrer Beeren, sehr giftig. Pferde, die von den Nadeln gefressen haben, sterben an Herzversagen. Unter den Nadelhölzern besitzt die Eibe das härteste Holz. Es ist extrem elastisch, weshalb die Kelten ihre Langbögen vorzugsweise aus diesem Holz bauten. Die Färbung und Maserung des Holzes ist einzigartig. Violettgestreiftes Orangebraun wechselt mit malvenfarbenen, wellig verlaufenden Jahresringen. Dazu finden sich, unregelmäßig verteilt, gesprenkelte, dunkelbraune Maserpunkte. Fazit: Ein sehr attraktives Holz, passend für jede Damaszenerklinge.

Eiche
Die Eiche ist unser imposantester Laubbaum. Vor allem im Winter ohne Laub zeigt sie ihre Urwüchsigkeit und Kraft. Sie ist nicht umsonst der Sagenbaum der Germanen. Es gibt die Eiche in den Arten Stieleiche und Traubeneiche, was sich auf die Wuchsform der Früchte bezieht – die Eicheln. Die einen hängen einzeln an Stielen, die anderen zu mehreren zusammen an einem Stiel. Die Holzqualitäten sind identisch. Der Baum kann eine Höhe von bis zu 50 Metern erreichen, bei Stammdurchmessern von bis zu 2 Metern. Bei alten, teilweise mehrhundertjährigen Exemplaren gibt es Stammdurchmesser von bis zu 4 Metern. Das Holz ist sehr hart, zäh und schwer. Maserholz kommt eher selten vor und zeigt ausdrucksstarke Maserpunkte. Durch den hohen Anteil an Gerbsäure im Holz ist es nur für Messerklingen aus rostfreiem Stahl geeignet.

Golden Madrone
Sie kommt aus Südostasien und zählt zu den Lorbeergewächsen. Hauptverbreitungsgebiete sind Indonesien, Malaysia, Vietnam und Kambodscha. Das hellbraune Holz ist dicht, hart und mittelschwer. Die Maserung ist einmalig, und polierte Hölzer erreichen eine Tiefenwirkung, die fast dreidimensional ist.

Honduras Palisander
Der Baum wächst in Mittelamerika, hauptsächlich in Honduras. Er wird, je nach seinem Alter, 15 bis 30 Meter hoch, bei einem Stammdurchmesser von rund 1 Meter. Sein Holz ist rötlich, sehr hart und dicht, und die Maserqualitäten weisen wunderschöne Augen und Knollenpunkte auf. Neben Messergriffen wird es auch für Musikinstrumente eingesetzt, weil es einen sehr klaren, kräftigen Klang erzeugt.

Nussbaum
Hier ist nicht unser heimischer Haselnussstrauch gemeint, sondern die Walnussbäume. Diese Laubbäume sind auf der ganzen Welt verbreitet, zum einen wegen der Früchte, zum anderen aber auch wegen der schönen Holzzeichnungen, vor allem im Wurzelstammbereich. Sein natürliches Vorkommen erstreckt sich über ganz Mittel- und Südeuropa. Alte Walnussbäume, zum Beispiel in den Höhenlagen von Anatolien, auf Fels gewachsen und oftmals weit über einhundert Jahre alt, haben wegen ihrer wunderschönen Farbe und Zeichnung einen immens hohen Wert. Die Schäfte von edlen Gewehren werden daraus gefertigt und natürlich auch die Griffe für Damaszenermesser. Seine Wuchshöhe variiert zwischen 15 und 20 Metern, im Stammdurchmesser werden, je nach Alter, 1 bis höchstens 1,60 Meter erreicht. Das Holz aus dem Wurzelbereich ist hart und schwer. Die Maserung und die Färbung dieser Holzabschnitte sind mit keinen anderen Hölzern zu vergleichen.

Padouk
Ein Laubholz mit dichtem, hartem Holz. Der Baum wird etwa 15 bis 20 Meter hoch (je nach Wuchsgebiet). Man unterscheidet zwei Arten: eine mit rotem Kernholz, eine andere mit braunem Kernholz. Das Vorkommen liegt sowohl in den tropischen Trocken- oder Feuchtwäldern Westafrikas als auch Asiens, mit Hauptvorkommen in Birma, Region Padouk – daher der Name.

Redwood
Der sogenannte Küsten-Mammutbaum findet sich in den Küstengebieten Nordkaliforniens und Oregons und wird über 110 Meter hoch. Auch das Alter kann sich sehen lassen. Das höchste Alter wurde durch Jahresringzählung auf rund 2.200 Jahre bestimmt. Das Holz ist zwar leicht, aber sehr dauerhaft. So werden zum Beispiel die Maserqualitäten aus abgeschnittenen Wurzelstöcken gewonnen, die schon Jahrzehnte im Boden stehen, ohne zu verfaulen. Das Holz nimmt sehr gut das Finishing Oil auf, wird dadurch sehr fest und hochglänzend.

Rotbuche
Ein europäischer Laubbaum mit imposantem Erscheinungsbild. Die Rotbuche erreicht eine Höhe von bis zu 40 Meter und einen Stammdurchmesser bis zu 1,5 Meter. Auch Buchenholz wird bei Außenlagerung schnell von Pilzen befallen und verstockt. Diese Fäulnis- und Pilzlinien im Holz ergeben eine sehr vielfältige Zeichnung, die manchmal an Marmor erinnert. Durch Einfärben der hochviskosen Plexiglasmasse ergeben sich überraschende Effekte im Holz.

Schlangenholz
Ein Laubbaum, dessen Vorkommen auf die tropische Region Südamerikas beschränkt ist (Amazonasregion Brasiliens, Guyana, Venezuela, Kolumbien). Das Holz ist eines der teuersten der Welt. Der Name ist absolut treffend, erinnert die Zeichnung doch tatsächlich an eine Schlangenhaut. Es ist ein sehr dichtes, geradliniges Holz, das aber leider die Eigenschaft hat, rissanfällig zu sein, auch bei vollständig durchgetrocknetem Holz. Die Höhe des Baumes liegt bei etwa 25 Metern, der Stammdurchmesser geht bis 1 Meter. An einer Damaszenerklinge mit passendem Muster hat es eine einzigartige Wirkung.

Wenge
Ein Laubholz aus Afrika (Zaire, Kamerun, Gabun). Der Baum wird rund 20 Meter hoch, bei einem Stammdurchmesser bis 0,9 Meter. Ein hartes Holz mit attraktiven dunkel- und hellbraunen Streifen.

Wüsteneisenholz (Ironwood)
Es kommt in Arizona und Mexiko (Sonora) vor und kann den Temperaturen und Bedingungen des Wüstenklimas standhalten. Der Baum wird etwa 10 Meter hoch, bei einem Stammdurchmesser von etwa 60 Zentimetern. Das Holz hat, wie der Name schon sagt, fast die Eigenschaften von Eisen, das heißt, es ist sehr hart und zugleich auch schwer. Im Wasser geht es sofort unter. Die Dichte des Holzes, dann die bei den Wurzelqualitäten anzutreffenden wunderschönen Zeichnungen und Maserungen sind auf der Welt einmalig. Es ist ein sehr begehrtes Holz für Messermacher, aber auch sehr teuer. Die Mengen werden jedes Jahr weniger. Umso höher daher der Preis.

Zirikote
Ein Laubbaum, der in Mittelamerika und in der Karibik vorkommt. Das Holz ist sehr hart und schwer, mit einer hellgelben bis schwarzen Färbung, die an japanische Tuschezeichnungen erinnert. Man könnte meinen, man habe oben in den Stamm schwarze Tinte laufen lassen. Ein sehr attraktives Messerholz, und für Küchenmesser sehr geeignet.

Zwetschge (Hauspflaume)
Ein heimischer Obstbaum mit vielen Unterarten. Dieses Laubholz erreicht eine Wuchshöhe von etwa 6 bis 8 Meter, bei einem Stammdurchmesser von 35 bis 45 Zentimetern. Das Holz ist dicht und hart. Es ist streifig gemasert. Im Wurzelbereich können auch effektvolle Holzzeichnungen in einem blau-violetten Farbmuster auftreten. Die Früchte zählen zu den Steinfrüchten und werden für vielerlei Gerichte verwendet. Am bekanntesten und beliebtesten ist der Zwetschgenkuchen.

Foto

Bären

Von Jaroslav Vogeltanz und Paolo Molinari.
176 Seiten, mehr als 300 Farbfotos.
Preis: 49.- Euro

Der Fotoband „Bären“ spürt in einzigartigen Bildern der Faszination Bär nach und zeigt ihn in den unterschiedlichsten Lebenslagen. – Ein Meisterwerk!

Wölfe

Von Jaroslav Vogeltanz und Paolo Molinari.
128 Seiten, mehr als 200 Farbfotos.
Preis: 39.- Euro

Der Wolf kehrt zurück. Doch wer kennt ihn wirklich noch? – Sensationelle Fotos und knappe, hochinformative Texte zeigen den Wolf so, wie er ist.

Luchse

Von Jaroslav Vogeltanz und Jaroslav Cerveny.
128 Seiten, mehr als 130 Farbfotos.
Preis: 39.- Euro

Herausragende Luchsfotos und traumhafte Landschaftsbilder – mit kurzweiligen und kenntnisreichen Texten, mit welchen der Luchs sich selbst vorstellt.

Österreichischer Jagd- und Bilderei-Verlag
1080 Wien, Wickenburggasse 3
Tel. +43/1/405 16 36, Fax +43/1/405 16 36/59
E-mail: verlag@jagd.at
Internet: www.jagd.at